U0149634

咖啡师的必修课

COFFEE LATTE ART

不一样的
咖啡拉花

刘 清＿＿＿编 著

中国纺织出版社

序
Preface

  咖啡拉花有两种：一种是往浓缩咖啡中倾倒牛奶泡的同时"拉"出图案；一种是在冲调好拿铁之后，用巧克力酱和雕花针等工具直接在咖啡液表面的牛奶泡上"雕"，这两种方式都令咖啡多姿多彩。咖啡拉花刚推出时，令人耳目一新，被认为是高难度动作，大大震撼了当时的咖啡业界，赢得了业内外人士的赞誉。

  咖啡的历史悠久，虽然在历史长河中，它的影响力扩大是一个缓慢的过程，但古往今来，仍然有无数人为之倾倒。法国大文豪巴尔扎克生平最爱做两件事，其一是写作，其二便是喝咖啡。他还写了一句非常著名的话："我，如果不是在家，那么就是在咖啡馆。不在咖啡馆，那就肯定是在去咖啡馆的路上！"

  可见，咖啡具有其独特滋味、与众不同的情怀之处。

  如今，拉花咖啡的无穷魅力已经传遍世界的每个角落，而且不仅仅停留在图案之美，更是追求口感，力图达到所谓的色、香、味俱全的境界。

  喝咖啡不只是在于"喝"，而是从中可以看出一个人对于生活的态度，这也是其奇妙之处。学习制作咖啡是一个磨砺意志的过程，也是增强自我信念的过程。我们从中可以悟出很多生活的哲理。如果只是将其定位于"品"，那就没有体现出咖啡真正的价值。

  专注于咖啡师培训工作、从事咖啡制作咨询多年的我，始终在探索如何使咖啡拉花的形态和口感都达到最佳状态。功夫不负有心人，也取

得了一些成就，并吸引全国各地的莘莘学子慕名前来学习与培训，这让我感到十分欣慰，因为这是对我工作的肯定。

当然，成为一名真正的咖啡师或者开一家让顾客称道的咖啡馆，并非嘴巴说得那么简单，也不像影片中演的那样"浪漫而优雅"，它比其他许多职业都更需要虔诚的职业精神和良好的心理素质，以及坚持不懈的努力，还需要系统学习和不断练习。作为一个过来人，为了让有志于成为咖啡师、想开一家咖啡馆的人，或者想成为自制咖啡高手的人少走弯路，我下定决心编写了这本书，希望这本书能给读者带来较大帮助。

为了一杯漂亮的咖啡，失败无数次，倒掉无数的牛奶。有些时候，我也在想这一切是为了什么。但是，咖啡的艺术形态也是多种多样的，咖啡的拉花千姿百态，美轮美奂，有什么样的咖啡师，就有什么样的咖啡拉花。一家好的咖啡馆，不仅仅需要氛围独特的装饰环境，更需要有细心、高超的咖啡师，调制出来的不仅仅是独特的咖啡味道，更是令人叫绝、不忍破坏的咖啡拉花。因此，不断尝试，精益求精才显得尤为珍贵。

另一方面，咖啡拉花并非一成不变的，它需要不断地创新，不断地超越自我，不断地追求更加完美，树立"永远都在路上"的思想，这样才能位于金字塔的顶端。

最后，愿本书能给各地的学子带来惊喜，引导他们顺利走上制作美味咖啡之路，并且能启迪他们的思维，最终制作出一款款精品咖啡。

刘 清

2019 年 9 月

目录
Contents

01

邂逅咖啡拉花 6

02

亲密接触咖啡拉花 18

03

享用一杯拉花咖啡

52

01

邂逅咖啡拉花

Xiehou Kafei Lahua

　　每一次喝咖啡的感觉都是那么自然，那么深情，仿佛是来自于内心的觉醒，怎么没早点邂逅咖啡呢。当一杯温热的咖啡以其浓厚纯正之味滑入喉腔时，深藏于体内的宁静细胞被瞬间激醒，迅速传遍体内的每个角落，人的精神为之振奋，心情舒畅而快活。

　　喜欢咖啡的人啜一口杯中的咖啡，眼窝里、嘴角边充盈着笑意，即便心里有着疙瘩，也许也烟消云散了。指尖下意识地捏一捏杯耳，咖啡轻轻地进入嘴里，香气飘入鼻子，苦、涩、甜、酸等混合味道在咖啡中是另一番滋味，这就是咖啡的独特魅力。

　　咖啡拉花的美，更令人陶醉，看似星星点点的点缀，其实这是艺术的造化，是其他饮品难以描绘的。它给了品饮者欣赏艺术的机会，陶冶情操，心中的烦恼、杂念骤然消失，构建了一片宁静的空间，还原了纯洁的生活，有着诗一般的韵味，更是一段恋情的塑造。

咖啡印象

　　第一次与咖啡见面，是在朋友的一次小聚会上，大家相约来到一家咖啡馆。一进门就被那精美的装饰吸引住了，古朴、雅趣、韵味实足，格局错落有致，充溢着浓厚的文化气息，如同咖啡杯里飘散出来的香雾，触手可及。

　　一落座，服务员便导引我们点餐，面对着优雅的环境和各具特色的咖啡品种，一时不知如何选择，好在友人比较知趣，明白我的心思，于是问了我的喜好，帮我推荐了几款。我便按图索骥似的根据图和名称选了一款。

　　不一会儿，咖啡被陆续端来，一股股的悠香随之飘来。这种芳香馥郁的气味能令人精神为之一振，浓烈的醇香扑鼻而来，彻彻底底地领略一杯优质的咖啡。这是咖啡的第一个印象。

　　第二个印象便是咖啡的味道，那是一种优雅的韵味，也饱含着苦、酸、甘、醇、涩。慢慢搅拌，再加点糖，其味更是令人陶醉。

　　最后，便是咖啡的口感，虽然口感不是咖啡品质好坏的主要取决因素，但它能跟咖啡芬芳香气及口味相互补足，令人透彻体会咖啡豆更实在的质感。

　　这是我第一次感受咖啡的无穷魅力，是一种浪漫的情怀，是一种享受生活的惬意，也可以说是一种独特的咖啡文化。

咖啡的影响力

咖啡最初是一种舶来品，并非中国土生土长的，它的历史悠久，有着一层神秘的面纱，充满着神奇的色彩。

有关咖啡的渊源众说纷纭，由于年代过于久远，而且缺乏有效的记载和传播，因此真正的缘由难以考证。根据历史记载，一些非洲的部落早在远古时代就已经了解了咖啡的功效。

咖啡这种植物最早发源于埃塞俄比亚，现在那里也还有野生的咖啡树，但人工培育的咖啡树却源于也门。但是，直到 13 世纪人们才开始炒制咖啡豆。

我们对咖啡的前世有了一个大致的概念。历经几百年，咖啡不但没有被人们摒弃，反而影响力更加强劲，世界的每个角落都有咖啡的影子，而中国只是其中一个缩影。

中国的发展成就有目共睹，人们的生活水平显著提高，咖啡的影响力在大城市、中小城市都有体现，典型表现之一为咖啡馆陆续出现。除此之外，买咖啡、喝咖啡、自制咖啡的人越来越多，并且咖啡的品种、类型等越来越丰富，特色也很鲜明。

我们再来展望世界。今天，咖啡已经成为一种世界性饮品，消费数量巨大。据不完全统计，全世界每天消费 1 亿杯咖啡，从事咖啡工作的人近 3000 万。全世界种植咖啡树的国家达 50 多个。

咖啡能够有如此影响力，与它的魅力是分不开的，它的香气、它的味道、它的口感深深地吸引着人们。

咖啡的味道

众所周知，咖啡的口味很丰富，能给予人不同的感觉，而每个人都有自己的口味特点和评判依据。因此，每个人对于不同咖啡的味道就会有不同的看法。

咖啡的味道包括多种感觉和层次，它与其他食物一样，具有四种基本的味道（甜味、酸味、咸味、苦味）。近年还有专家学者认为应该将"鲜味"作为一种味道，列为第五种基本味道。这些味道在一杯咖啡中呈现多种，且相互交织，又演绎出更为复杂的味道。

那么可以感受到的咖啡的味道一般有哪些呢？认识了咖啡的味道，就能更好地分辨，对于品尝咖啡的质感、口感，做一杯适合自己的咖啡可是非常有帮助的，现在让我们一起来看看吧……

酸味　"酸"字看来较刺眼，其实咖啡豆的果实原味和新鲜活力就蕴藏在它的酸味里，这种"酸"是天然的，而不是物质变质造成的。

酸味大致有两种，一种是清新的酸味，一种是像食用醋一样的酸味。

柠檬酸——从咖啡的柠檬酸、果酸等有机酸所感受到的味道，呈现出柠檬、

葡萄、苹果等所含的天然爽口酸味，适当的酸味有助于塑造咖啡的特性。

醋酸——咖啡豆如果在烘焙过程中没能准确地掌握到火候的话，就会产生一种发酵的酸味，与食用醋的酸味基本相同，舌尖上有一种短暂的激烈性。这种酸味会有一种不舒适感，会影响到整杯咖啡的醇香味。

苹果酸——一种有机酸，多存在于具有刺激性酸味的食物中，比柠檬酸的酸味更持久。高海拔地区生长的咖啡豆，由于昼夜温差大，温度低的时候，为了给咖啡供给养分，柠檬酸就会转换成其他酸类，而苹果酸就是其中的典型代表。苹果酸有清爽而令人愉悦的口感。

乳酸——主要存在于优酪乳、起司等发酵过的乳制品中，为咖啡第二天发酵过程中所产生的，能品尝到深沉且柔和的奶油风味。

磷酸——这种酸味多呈现在可乐等饮料中，添加这种酸，有助于增加咖啡的甜味与活泼感。不过，这种口味的咖啡一般在中国是品尝不到的。

甜味　这是一种令人愉悦的味道，我们添加糖的多与少就使咖啡有了程度不一的甜味。甜味与其他味道不同，即使浓度较高，它的味道和质感依旧较好。

咸味　我们日常生活中的咸味一般来自于食盐，而咖啡中的咸味源自氯化钾，且由苦味和咸味混合而成，主要是从萃取的咖啡中可以品尝到。少量的咸味可以增强咖啡的口感，减少苦味与酸味的感受。

苦味　咖啡豆中的咖啡因、绿原酸、奎宁等经过烘焙，时间越久，其苦味就越明显。

涩味　一看到涩味就让我们想起了酸果类，尤其是未完全成熟的果子，其涩味特别强烈。对于绝大多数人来说，这是一种很不好的味觉感受。咖啡萃取过度或者萃取后再煮过，就会使咖啡的口感变得更有涩感。

鲜味　这种味感是近些年被公认的第五种基本味道，是一种萦绕于舌尖上、类似高汤或者肉类的味道。

质感　这是指咖啡在口中浓稠黏滑的触感，会受到食物的密度、黏性与表面张力影响。质感醇厚的咖啡，即使咖啡粉的浓度不高，仍能带来强烈的味觉震荡。

香味　咖啡豆从烘焙、研磨到制作成咖啡，都散发着芳香。用鼻子便能闻到，用舌头舔，更有一种香的感受。

回甘　回甘是指喝了咖啡之后，在口腔、舌头与食道等余留的味道，这与我们吃了一道美味佳肴是一样的道理。新鲜咖啡豆制作出来的咖啡，其回甘味更加浓厚。

风味　其实，一杯咖啡中含有多种味道，包括酸、甜、苦等，而且各种味道相互交织，融合其中，又产生更为精细的味道。而一种咖啡由于其侧重点不一，就形成了自有的风味，以至我们可以品尝出不同地域的咖啡风味。

喝咖啡的礼仪

服饰与基本礼仪

在咖啡馆喝咖啡，一般与亲朋好友、客户等一起，衣着得当那是自然的事情，但也不必过于夸张地西装革履。交谈的时候不宜大声喧哗、嘻嘻哈哈，应谈吐恰当，不影响周围的人。

正确接拿咖啡杯

无论咖啡杯的杯耳大，还是小，是否能够穿过一根手指，都不要用手指穿过，应用拇指和食指捏住杯把儿，中指顶着杯把儿，其他手指紧跟着中指，再将杯子端起。

错误接拿咖啡杯

正确接拿咖啡杯

给咖啡加糖

给咖啡加糖，可以用咖啡匙直接加入杯中，也可以用糖夹子把方糖夹在咖啡碟的近身一侧，再用咖啡匙把方糖轻轻加入杯子里，避免溅出。

匙的使用

咖啡匙是专门用来搅咖啡用的，在品饮时应当将匙取出来，而不是用匙来一小口一小口地喝。

杯碟的使用

盛放咖啡的杯碟都是专门制作的，在摆放的时候应该置于品饮者的正面或者稍偏右侧，而且杯耳应该朝右边。品饮时慢慢地移向嘴边轻啜。不宜满把握杯，大口大口地吞，似是狼吞虎咽。在品饮的时候，发出声响也是不妥的。添加咖啡时，不必将咖啡杯从咖啡碟中拿起。

新鲜出炉的咖啡很烫怎么办

刚煮好的咖啡有时会比较热，可以用匙在杯中轻轻搅拌使之冷却，或者静静地等待它自然变凉。注意用嘴去吹凉咖啡是一种不文雅的动作。

咖啡与点心

在家或者在咖啡馆品饮咖啡的时候都会吃上点心才更惬意。俗话说得好，吃要有吃相，品饮咖啡的时候不可一手端着咖啡，一手拿着点心，应喝一口吃一口地交替进行。

与亲朋好友一起喝咖啡

在家请亲朋好友喝咖啡，需要注意他们的喜好，对是否加糖与奶，以及加的量都有讲究。当然也可以请客人自便。除此之外，还可以给客人准备好一杯温开水，可以与咖啡交替饮用，让咖啡的醇香更迷人。

去朋友家喝咖啡也有要注意的：咖啡要趁热喝，并且全部喝完。只顾聊天而让咖啡凉了，就辜负了主人的一片诚心。还有，咖啡需要慢慢品尝，但不能用匙来舀咖啡喝。

咖啡的类别

　　根据咖啡豆的不同、制作成品咖啡的器具不同、咖啡的制作方法不同，咖啡的类别就有很多，每一种都有它的喜爱者。一起来了解一下，看看你喜欢哪些。

　　浓缩咖啡（Espresso），属于意式咖啡，可以直接冲出来，味道浓郁，入口微苦，咽后留香。

　　玛琪朵（Machiatto），在浓缩咖啡中加上两大勺奶泡就成了一杯玛琪朵，它象征着甜蜜。

　　美式咖啡（Americano），是最普通的咖啡，属于黑咖啡的一种。在浓缩咖啡中直接加入大量的水制成，口味比较淡，咖啡因含量较高。

　　白咖啡（Flat white），是马来西亚的特产，白咖啡的颜色并不是白色，但是比普通咖啡更清淡柔和，白咖啡味道纯正，甘醇芳香。

　　拿铁咖啡（Caffè Latte），是浓缩咖啡与牛奶的经典混合。咖啡在底层，牛奶在咖啡上面，最上面是一层奶泡。

　　康宝蓝（Con Panna），意大利咖啡品种之一，与玛琪朵齐名，由浓缩咖啡和鲜奶油混合而成，咖啡在下面，鲜奶油在咖啡上面。

　　卡布奇诺（Cappuccino），以等量的浓缩咖啡和蒸汽泡沫牛奶混合的意大利咖啡。咖啡的颜色就像卡布奇诺教会的修士在深褐色的外衣上覆上一条头巾一样，因此得名。

　　摩卡咖啡（Cafe Mocha），是最古老的一种咖啡，是由意大利浓缩咖啡、巧克力酱、鲜奶油和牛奶混合而成，得名于有名的摩卡港。具有甘、酸、苦味，极为优雅，润滑可口。

　　焦糖玛琪朵（Caramel Macchiato），由香浓热牛奶上加入浓缩咖啡、香草，最后淋上纯正焦糖而成，有着"甜蜜的印记"之意。

　　维也纳咖啡（Viennese），奥地利最著名的咖啡，由浓缩咖啡、鲜奶油和糖浆混合而成。奶油柔和爽口，咖啡润滑微苦，糖浆即溶未溶。

　　爱尔兰咖啡（Irish Coffee），是一种既像酒又像咖啡的咖啡，由爱尔兰威士忌加入浓缩咖啡中，再在最上面放上一层鲜奶油构制而成。

咖啡拉花

咖啡拉花（LATTE ART）中 LATTE 在意大利语中是"牛奶"的意思，ART 在英语中有艺术之意。这两个词语的合成词即为咖啡拉花，用一句话概括其含义为"用牛奶展现美的艺术创作过程及最终呈现成果"。

咖啡拉花是一门锦上添花的艺术，但并非所有的咖啡都适合拉花。通常，意式浓缩咖啡是最适合用于拉花的品种，这是因为意式浓缩咖啡的口味和特有的泡沫（Crema）更适合于和奶泡融合，也更适合于表现出拉花的艺术性。常见的拉花咖啡有卡布奇诺、玛琪朵、拿铁咖啡等。

咖啡"拉花"技艺是 1988 年由美国人大卫·休莫在西雅图自己的小咖啡馆创造发展而来。据说是一次偶然机会，大卫·休莫正在为客人打包早餐咖啡，加入牛奶时，无意间发现咖啡的上面形成了一个极为漂亮的心形，令人大为欣喜。这激发了他开始研究咖啡的拉花艺术，这样不仅能让客人喝上一杯美味的咖啡，还能欣赏美丽的图案。自从这一技艺呈现在顾客面前后，迅速得到顾客的青睐，并广为流传。此后，诸多的咖啡师不断研究各种花样，引领着顾客消费的时尚风潮。

其实，"拉花"是在传统意大利咖啡中发展出来的一种咖啡调制技巧，它采用蒸汽将牛奶打出气泡，并在咖啡液面上绘制出心形、树叶形等各种图案，并且还可以加入可可粉、焦糖等，使口味更加丰富。

咖啡拉花如今已成为一种趋势，人们也不断追求更美、更精致的拉花，这给咖啡师、咖啡爱好者带来了新的挑战。

影响咖啡色香味的因素

咖啡豆的鲜度

生豆的鲜度是制作一杯好咖啡的首要前提，如果生豆已经变质，或者品质不佳，或者放置时间太久等，都会影响咖啡的香味。

咖啡豆的研磨

咖啡豆研磨不均匀、粗中有细、细中有粗，这是不可取的，在萃取上难度极大，严重影响咖啡的品质，色香味都会遭到破坏。

咖啡的烘焙度影响咖啡的味

严格来说，烘焙咖啡豆是一门精深的学问，具有专业性，并非一般人就能烘焙成功。烘焙师要有一个敏锐的鼻子，可以将低等级的咖啡豆变成可口均匀的拼配咖啡，令高品质的豆子在烘焙技术上发挥最佳，所制的咖啡喝起米才能令人回味无穷。

烘焙咖啡豆的温度简单来说有四种：

一是浅炒，在 215~232℃。

二是中炒，在 232~238℃。

三是中深炒，在 238~242℃。

四是深炒，在 242~249℃。

咖啡豆的烘焙程度与咖啡的色、味有着密切的关系，其效果很明显。

除此之外，咖啡的色香味还受到许多其他因素的影响，比如咖啡师的熟练程度，以及机器设备的客观因素。

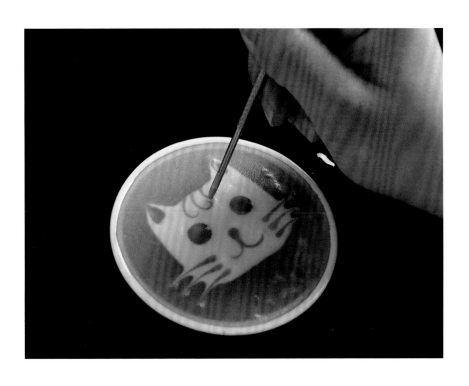

02

亲密接触咖啡拉花

Qinmi Jiechu Kafei

Lahua

速溶咖啡也许是你对咖啡的最初印象，也是你最初品尝咖啡的味道，也许此时的你已经蠢蠢欲动，心想：是不是自己动手来一杯更心仪的咖啡呢？

于是，你开始咨询怎么制作咖啡，开始上网搜索相关知识，关注所需要的器具。经过一番搜寻，买了自己所需要的器具。又选择了一两本甚至多本咖啡方面的书籍，照本照做。也许并不成功，但已经迈出了坚定的一步。任何事情都是难以一步到位的，可离成功更近了。终于有一天，惊喜、欢呼、笑容，令你兴奋得久久停不下来，这就是成功的喜悦。朋友圈展现了你得意的作品，朋友的点赞更是令你自豪。

亲人、朋友来了，待客之礼，已经由沏一杯好茶，改成了制一杯好咖啡了。恋人也享受着你那浓浓的爱，微笑着轻轻地点头，你便会去追求更佳的咖啡品质。你也越来越离不开这本书了。

意式浓缩咖啡（Espresso）是意大利语"快速"的意思，它是用加压萃取的方式使咖啡中的可溶性成分和不可溶性胶状物质快速萃取，并且盛到专用的小型咖啡杯中享用。

从意式浓缩咖啡的概念可以隐约地发现其特点是细研磨、高压、速度快、浓度高。

为了能萃取出这样的咖啡，水、咖啡豆、咖啡豆的烘焙程度、咖啡机的压力等每一个环节都非常重要，更为关键的是咖啡师的技术与经验。

意式浓缩咖啡的标准（美国与意大利）

标准	美国特种咖啡协会	意大利
加入的咖啡量	7~9g（双份 14~18g）	（6.5±1.5）g
水温	92~95℃	（90±5）℃
压力	3~10bar	（9±0.5）bar
萃取时间	20~30s	（30±5）s
萃取量	20~30mL	（25±5mL）

美国与意大利的意式浓缩咖啡标准

将研磨好的咖啡粉装入滤器把手中，再在高压下注入水就完成萃取，看似简单，实属不易。通过的水要定量，才能维持意式浓缩咖啡的品质，施加的压力要适度，这一点可能需要多次反复才能较为成功。咖啡粉比较粗或者分量少，而萃取速度快，就会导致萃取不足的问题。

相反地，如果咖啡豆磨得太细，或者分量太多，压力与含量、特性不匹配，就会导致萃取速度慢，或者萃取过程不顺畅，最终造成过度萃取。因此，别小看萃取，这也很考验咖啡师的能力。

意式浓缩咖啡的萃取方法

为了能正确地萃取出较好的意式浓缩咖啡，迅速而有效的萃取步骤是不可忽视的。

由于咖啡豆自焙烘开始后，尤其研磨开后，其香味会快速散发。因此，为了尽量保持咖啡的品质，研磨后的咖啡粉应快速地装入冲煮手柄，进行意式浓缩咖啡的萃取。

装粉

抹平

填压

1. 将磨好的咖啡粉装入冲煮手柄中。

2. 为了使咖啡粉均匀地承受一致的压力，要将表面抹平没有任何一边歪斜（为了卫生不建议用手去抹）。

3. 将冲煮手柄放在桌面或顶在桌边上。手臂伸到填压器上方，手腕垂直用力往下压，使咖啡粉完全平整。

排水

4. 按下萃取键 2~3 秒，排去一些水并预热。这一过程也能流掉前面的热水，使萃取温度保持在一定恒温状态。

安装

萃取

5. 将冲煮手柄卡入沟槽，然后从左到右旋转锁住。

6. 将温热过的杯子置于萃取的出水口，设置好萃取量，迅速按下萃取键。

意式浓缩咖啡的风味

咖啡豆在烘焙的过程中会发生美拉德反应、焦糖化反应和脂肪氧化反应等，这些反应可以使 1000 多种成分的咖啡豆焕发新的活力。我们在品尝咖啡时通常利用嗅觉和味觉来判断，当咖啡香味成分刺激到鼻子黏膜内的感受器，我们会作出嗅觉上的判断，而舌尖上的味蕾则可以感知到甜、酸、咸、苦、辣等各种味感，以此做出味觉上的判断。嗅觉和味觉的强度都能一一反应到大脑的神经中枢，从而判断这款咖啡是否如自己所愿。当然，通常情况下咖啡的味道以酸味和苦味为主，喝下一口之后，咖啡香会从喉咙深处渐渐向上蔓延到鼻腔，然后散发出来。

意式浓缩咖啡是一种较黏稠的咖啡，这主要是由于它的萃取液由乳状的油脂和气态的克丽玛等多种反应混合在一起形成的，而且油脂含量越大则越黏稠，而越黏稠也意味着其内部所含有的咖啡香味成分越多。

意式浓缩咖啡的口感必须要有酸味、甜味、轻微的苦味，而且进入口中要有一种顺滑感，没有颗粒感，最后就是它有一种停留于喉咙、舌头的回味感。一般来说，意式浓缩咖啡有三种风味：

一是南意大利风味。这种风味酸味偏少，而更多的是甜味。随着细细品味，其弥留的苦感更加明显。屏住气息，用鼻子吸一口气，一股坚果味和巧克力味徐徐地进入，回甘时间也长。

二是北意大利风味。这种风味酸味重，甜味适中，而苦味较少，有一股草莓、蜜桃的气息。闻起来有一种花香、水果香。

三是中意大利风味。这是一种平衡的风味，酸甜苦适中，对于刚刚品尝咖啡的人士比较适合。

当然，咖啡的风味只能从大体上讲，因为具体到每一杯咖啡的风味，由咖啡师的手法、习惯、技巧、熟练程度等，以及制作咖啡的设备等因素决定。因此，喝上一杯心仪的咖啡说易也不易，说难也不难，关键是水到渠成。浓缩咖啡所具有的这种错综复杂的香味是我们喜爱它的最大原因。

备注：

① 美拉德反应：在咖啡豆的烘焙过程中发生的一种非酶褐变反应，咖啡豆内含有少量的氨基酸，其受热之后与还原糖发生反应，咖啡进而散发出各种各样的香味。

② 焦糖化反应：和美拉德反应一样，焦糖化反应也属于一种褐变反应，但差别在于不仅有还原糖发生反应，所有糖类都会在受热条件下发生反应。

③ 脂肪氧化反应：脂肪遇到空气中的氧气会生成过氧化物。

牛奶的成分和种类

牛奶是制作各种意式浓缩咖啡所必不可少的辅助材料。因此，一杯好咖啡除了萃取技术、咖啡豆品质等因素外，打奶泡的技艺也是非常重要的。如果奶泡粗糙又不润泽，拉花的效果不佳，没有鲜明的图案，咖啡也不精美。而打奶泡达到熟能生巧的程度，一杯色香味俱佳的咖啡就令人神往。

牛奶是咖啡拉花的关键要素，需要用它来绘制各种图案，而且咖啡的品质也有牛奶的功劳。因此，牛奶的新鲜度和奶泡的稳定性非常重要。

牛奶由 88% 的水分和呈溶液状态的脂肪、悬浮液状态的蛋白质组成。根据脂肪含量不同，大致可以把牛奶分为以下三种：

全脂牛奶	牛奶中脂肪含量大于 3%
脱脂牛奶	牛奶中脂肪含量小于 0.5%
低脂牛奶	脂肪含量为 1.0%~1.5%

三种牛奶比较

打奶泡一般使用全脂牛奶，这是因为全脂牛奶可以保证奶泡的稳定性，而脱脂牛奶或低脂牛奶打出的奶泡往往软绵无力。

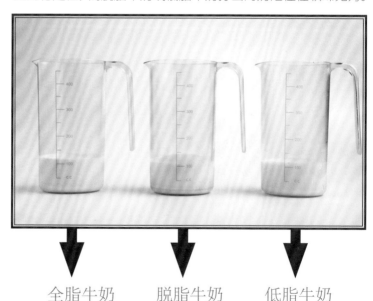

全脂牛奶　　脱脂牛奶　　低脂牛奶

温度的控制

　　牛奶放入冰箱中冷藏保存为最佳选择。在打奶泡之前需将冷藏温度控制在 2~5℃。

　　打奶泡快结束时，温度应该在什么范围较适合呢？这需要根据咖啡的不同特性来决定。例如，卡布奇诺，牛奶的温度在 60~70℃为宜。而通常情况下，牛奶在打泡过程中，温度保持在 55~65℃比较好。如果温度在 70℃以上，牛奶与奶泡会产生分离，蛋白质会变性，奶泡的品质下降。而温度过低的话，蒸汽与牛奶会快速分离。总之，牛奶与空气充分融合需要掌握温度的"火候"。除此之外，温度与不同的咖啡品种也有一定关系。

咖啡机打奶泡

打发奶泡就是将牛奶加温、加压后打出细腻丝滑的奶泡，需根据不同品种咖啡的要求适当调整牛奶量、奶泡厚度及温度。

咖啡机打奶泡需要掌握正确的方法，否则奶泡的效果不佳，就不能刻画出完美的拉花。打奶泡并非单纯地让牛奶起泡即可，而是将蒸汽泡融入到牛奶当中，其味甘甜，口感光滑。

下面对咖啡机打奶泡做一个示范：

1.启动咖啡机的蒸汽阀，将蒸汽棒内多余的水分排去，然后关闭蒸汽阀。

2.在不锈钢拉花缸内放入冷藏好的牛奶大约 250mL，然后置于咖啡机的喷嘴下面。

注意事项：

喷嘴的位置要靠近拉花缸边缘，这是为了使牛奶在打发的过程中形成向心力的旋涡。喷嘴浸入牛奶表面深度为 1cm。极速旋转过程中，如果发现溢出的现象，喷嘴应再伸下一点儿。

3.调整好喷射角度。专业的压力咖啡机一般有 3 个或 4 个孔，拉花缸倾斜使牛奶液面与喷嘴形成约 60°的角。目的是打入空气，形成旋涡，使空气与牛奶充分融合，还能去除表面的粗泡沫。

4.启动开关。蒸汽阀的大小要适中，太大的话，牛奶沸腾太快；过小了，蒸汽又会不足。

5.在打入空气的过程中利用手腕上下左右晃动拉花缸，这样做的目的是为了打出的泡沫尽量微小。

6.当奶泡升至拉花缸顶部时，关闭蒸汽阀，拿走拉花缸，打奶泡完成了。

其他方法打奶泡

　　如果家里没有咖啡机，可以采用小型打蛋器、奶泡杯和电动打奶器来打奶泡。

　　小型打蛋器：将牛奶放进容器内，然后将盛有牛奶的容器放在燃气炉或电炉上加热至 68℃左右，将容器拿开，然后用打蛋器在热牛奶的表面轻轻搅动，慢慢地就会变成泡沫状态。

　　奶泡杯：奶泡杯与"法式滤压咖啡壶"相似。将牛奶加热至68℃左右，拿起奶泡杯，将滤网在牛奶表层上下慢慢地抽动，经过滤网可以让空气平均打进牛奶表面，泡沫便会形成。

　　电动打奶器：这种打奶器的使用方法与小型打奶器一样。

　　以上三种方法打出的奶泡虽然细腻，但效果肯定没有咖啡机打出的好，而且奶泡打好后，其温度会快速下降。

咖啡拉花的常备材料、工具

拉花缸

　　拉花缸不仅可用于制作奶泡，也可以用于拉花图案的制作，特别是用倒入成形法进行拉花的时候，必须用到它，不可或缺。

　　拉花缸的种类有很多，不同形态和大小的拉花缸对于制作不同的图案和形状是密不可分的，实际应用过程中，可以根据个人喜好选择适当的拉花缸进行拉花图案设计，也可以根据朋友或顾客的需求进行选择。

　　不同品牌的拉花缸有着不同的优缺点，在造型上也会有所不同，选择时需多方面考虑。不过，使用质地厚实、不锈钢材质的拉花缸是最合适的，其耐热坚固的特性，不仅易于杀菌又易于清洗。

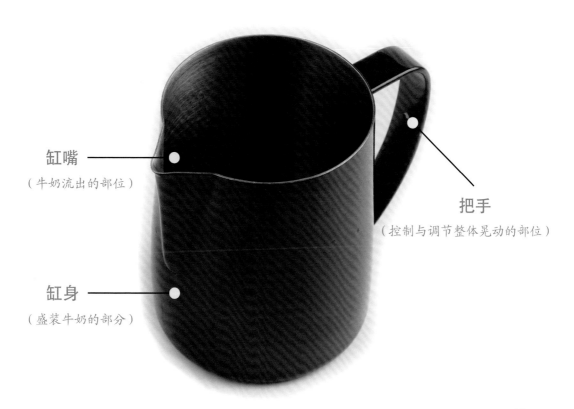

缸嘴
（牛奶流出的部位）

把手
（控制与调节整体晃动的部位）

缸身
（盛装牛奶的部分）

缸嘴

缸嘴是采用拉花缸进行拉花时最为重要的部位，主要有"U"形和"V"形。也有长嘴、短嘴之分，长嘴比较适合拉细花，层次分明，也容易控制流量，不会导致最后冲拉奶泡时快速地一泄而下，铺满整杯咖啡，而短嘴则适合用于拉双叶、千层心、单叶和小动物等图案。

"U"形缸嘴的口较圆，主要用于设计一些幅面较大的拉花图案，易于掌握其快慢度。但当奶泡流量较小时，它很难进行自由晃动。

"V"形缸嘴口较尖，在进行拉花时可快速晃动，自由度较高。比较适合描绘细线条，完成一些精细的图案设计。在设计图案过程中需要较强的定力，手腕要稳重，否则左右稍有晃动，流过的奶泡量不均匀，就会影响图案的美观。

容量

拉花缸有大有小，其容量各不一样，有 700mL、600mL、300mL，一般做单杯卡布奇诺的话，使用 300mL 的拉花缸。

在实践中，有各种各样的拉花需要设计，那又该选择多大容量的拉花缸呢？首先要考虑的是咖啡杯的大小。

拉花缸的容量小、缸嘴尖，注入的奶流量相应也小；反之容量大、缸嘴的口径也大，注入的奶流量也就大。通常情况下，进行单一图案的设计，拉花缸的大小只要与咖啡杯的大小不会相差太大，对于图案的整体设计不会受很大影响。但是，如果进行组合图案的设计，由于其线条有粗有细，有长有短，有弯有直，拉花缸的容量大小与奶流的速度、线条的描绘有着紧密的关系。此时选择合适的拉花缸就很重要了，必要的时候可以进行测试，看看哪一种比较合适。

02 亲密接触咖啡拉花

30

把手

　　进行拉花时，对拉花缸的握法不同，拉花时的姿势和奶泡的注入方式也不一样。究竟使用哪一种握姿，需要根据拉花图案而定。原则上，哪一种握姿更顺手、更方便拉花图案的塑造，就选择哪一种，这也是因人而异的。

咖啡杯

　　咖啡杯的种类繁多，款式、大小、厚度、直径等都可以不同。随着现代技术的进步，咖啡杯的款式越来越美观，可选择的款式越来越多，但是也不可依据个人喜好太随意地选择，因为咖啡杯需要与拉花设计相契合，否则会影响成品效果。

咖啡杯与拉花图案的关系

咖啡杯的大小与拉花图案有着密切的关系。咖啡杯偏小的话，需要用到的浓缩咖啡和牛奶的量也不多，而较大的杯子，其使用量也相应增加。而且牛奶的用量与拉花图案的复杂性、特性有着紧密的联系。

如果一个咖啡杯的容量是 300mL，所准备的浓缩咖啡和奶泡量一定要超过 300mL，一般是 350mL 以上。因为进行咖啡拉花时液体往往会超过杯子边缘，而且倾倒的过程中需要保证一定的流速，否则不能较好地完成图案。

咖啡杯的口径较大的话，对于拉花图案的构成越有利，表现在图案的形式更多样，图案的鲜艳度、美观度更佳。宽度较大的咖啡杯便于咖啡师更好地施展技艺，特别是晃动的时候更灵活。

如果咖啡杯不大，其拉花图案的构成也相对简单。因为小的杯子不便于施展。因此，进行拉花时需要根据咖啡杯的大小来确定相应的图案，再构思好咖啡杯的倾斜角度，以及从哪个地方起点构图，这样的话在实践中会更顺畅。

雕花针

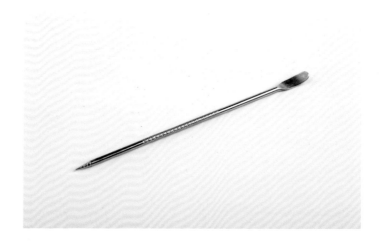

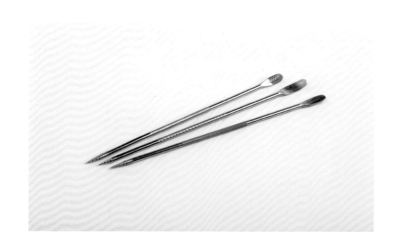

雕花针的形态犹如针一般细长，是进行咖啡拉花图案设计的必备工具。有些图案并非采用拉花缸一气呵成，而是需要使用雕花针进行雕花，比如倒入成形法，需要使用雕花针对一些细节进行勾勒。

刚入行的人也许会认为利用雕花针雕花并不难，只要有点美术基础的人都能较好地完成，实际并非如此。那些具有创新性、有特色的图案，手绘起来真不容易，考验人的心理、手感、功力等多方面的素养，必须多练习、多感悟才能真正掌握。

每个拉花图案所需的雕花针的厚度、大小、长度不尽相同，手绘图案时可灵活选择。在实践中，并非只有专业的雕花针才可以使用，具有尖头的工具比如牙签、较细小的棒等都可以利用，其描绘效果依图案类型而定。

雕花针主要在两个地方需要使用，一是在已有的图案上进行优化设计，二是利用打好的奶泡或色素等来勾勒新的图案。灵活运用雕花针有助于图案的美化。

使用雕花针对已有图案进行优化设计

同一款雕花针，运用不同的方法可以描绘出各具特色的图案。

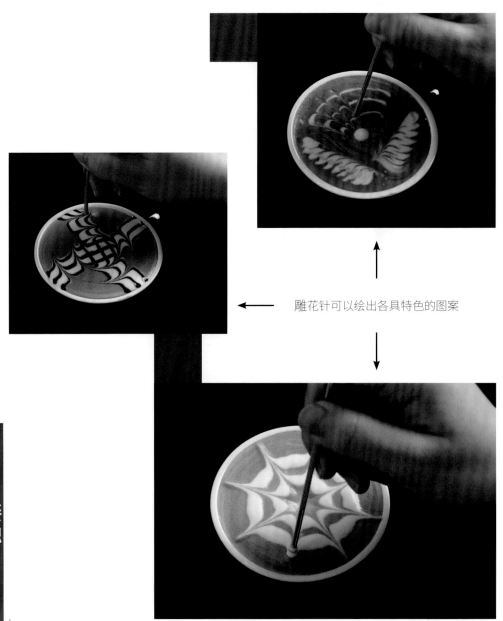

雕花针可以绘出各具特色的图案

使用雕花针勾勒新图案

有些图案在采用推送式后无法直接成形，或者只形成一些主体架构，此时就需要使用雕花针勾勒新图案。它并非我们平时说的绘画，甚至可以说比一般的绘画难得多，需要反复练习才能达到熟能生巧的程度。

雕花针细小，而图案有大有小，它所能蘸上的奶泡量非常少，需要多次反复蘸奶泡才能完成小部分图案。因此，对于咖啡师来说是一种考验，细心程度、耐心程度、干练的手法等都是一种挑战。如果你是一位娴熟的咖啡师，可以尝试一次成形，雕花针上多蘸一些奶泡，由外向内勾勒，一气呵成。

蘸奶泡图

匙

咖啡匙是咖啡拉花中常用到的一种工具，对于有些图案，特别是 3D 式的图案常用到匙，它有独特的功用。

后推式直接成形法是无法完成一些点式、圈式等图案的，此时匙就派上了用场。用匙舀一点儿奶泡，轻轻地放在咖啡液的表面，使图案更加美丽、更加完善。

用于咖啡拉花的匙，据其形状、大小、功能的不同，用于绘制的图案类型也不同，使拉花各具特色。

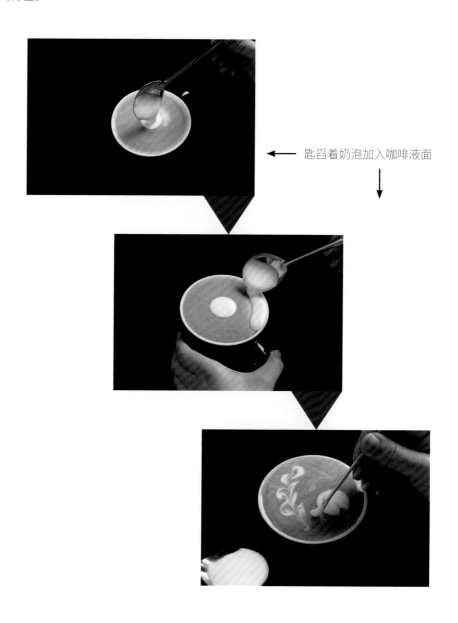

匙舀着奶泡加入咖啡液面

不同匙的使用方法

不同的匙具备不同的功能，比如我们吃饭时用到的匙，由于面宽，所盛的奶泡量也多，可进行幅度开阔的拉花设计。而尖且小口径的匙，则可进行点、线等的设计。

咖啡机

　　咖啡机是制作各种咖啡必须用到的机器，它的种类有不少，也有不少品牌。其主要功能之一是萃取。不同的咖啡机，萃取效果是不同的。我们先从咖啡机的种类开始了解吧。

手动型咖啡机

　　手动型咖啡机是利用活塞式杠杆原理制成的机器。由于操作繁琐，对咖啡师的技术是一个较大的挑战，所以现在很少使用了。

半自动型咖啡机

　　这种咖啡机是使磨豆功能分离于咖啡机，比起手动式更加便利，其香味也不易变化。

全自动型咖啡机

　　全自动咖啡机是含有磨豆功能的，只需按一下键，便能从放入咖啡豆到萃取全过程一步到位。

半自动型咖啡机

三种类型咖啡机的特点

手 动	半 自 动	全 自 动
特点　杠杆式	特点　压力式	特点　压力式
磨豆机　需要	磨豆机　需要	磨豆机　附有
优点	优点	优点
可以表现纤细的味道，视觉效果不错	有便利的记忆功能，容易制出理想中的味道	很方便，按一键即一步到位
缺点	缺点	缺点
比半自动慢，难以萃取出一致的味道，对咖啡师是一个高强度的挑战	需要一个较大的空间来操作，咖啡师的专业性要求也高	一些设定项较多，数据上有些麻烦，难以维持咖啡味道的品质

　　如今，家庭中常使用半自动咖啡机，从磨豆开始，研磨的粗细由自己掌握，用压粉器轻压咖啡粉后，将冲煮手柄安装于咖啡机上，按下键，那香香的咖啡便缓缓地流入杯子中，这种惬意的感觉是全自动咖啡机所感受不到的。

磨豆机

磨豆机的重要性在于能以均一的粒度研磨咖啡，并减少发热使香气的损失达到最小。磨豆机的品种较多，在这儿主要介绍两类常用的磨豆机。

手动磨豆机

手动磨豆机有两种，一种是手摇式，另一种是刀片式。

手摇式的优点是研磨的粗细可调整，缺点是速度非常慢。刀片式的优点是研磨速度快，缺点是研磨的粗细不好掌握，均匀度不易掌控，且研磨过程中产生的热量足以将咖啡粉烧焦。但是刀片式用于研磨滴滤咖啡粉还是比较实用的。

小型专业磨豆机

这种磨豆机的使用非常广泛，其特点是研磨的粉精细均匀、不易发热、耐用，专业咖啡馆、一般咖啡店、家庭等场所均适用。这种磨豆机便于清洁，可以随时研磨各种需要的咖啡。

温度计

制作咖啡过程中有时需要使用到温度计，特别是新手在练习制作的时候需要测量打奶泡的温度、萃取的温度，以及制作咖啡的温度，以便更好地掌握分寸。

半湿毛巾

半湿毛巾用于随时擦拭咖啡机、咖啡杯、雕花针等，一块好用的半湿毛巾，可以令咖啡师事半功倍。

填压器（压力棒）

一支大小适宜的压力棒也是重要的，压粉前需检查压力棒。一支好的压力棒需要大小完全符合咖啡机冲煮手柄的口径，有水平的表面和足够的重量。

奶油

奶油主要用于咖啡液面的点缀，对于完善拉花图案具有重要作用。俗话说：一个好汉三个帮，奶油就起到帮衬的作用，这与蛋糕制作是不同的。

巧克力酱

巧克力酱也是用于咖啡液面的修饰，比如一些3D图案，还有一些为了呈现不同效果的图案也需要巧克力酱。巧克力酱还具有增加咖啡香气、味道的作用。

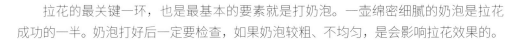

咖啡拉花的技巧

咖啡拉花是在液面上作画，所以也有称液面为"基底"一说。那拉花是一个什么样的操作过程呢？

打奶泡

拉花的最关键一环，也是最基本的要素就是打奶泡。一壶绵密细腻的奶泡是拉花成功的一半。奶泡打好后一定要检查，如果奶泡较粗、不均匀，是会影响拉花效果的。

咖啡粉的萃取

咖啡粉的萃取在前面已经详细讲述了，此处不再细说。

做咖啡基底

基底就是意式浓缩咖啡与奶泡融合而成的咖啡液面。咖啡的拉花永远是一门实用艺术，不仅要有醇正的口感，还要有视觉效果。所以，这个基底也不能马虎。

准备工具

开始拉花所准备的工具和材料不多，如拉花缸、匙、雕花针、奶泡、意式浓缩咖啡、咖啡杯、巧克力酱等。

开始拉花

1. 先将意式浓缩咖啡倒入咖啡杯中，这是用于作为基底的，因此要控制使用量，如果太多的话，就不便于进行拉花图案的构造了。太少的话，拉花效果就无法表现。

2. 将奶泡注入咖啡杯中，掌握好轻重缓急，以便奶泡与意式浓缩咖啡充分融合，呈现出浓稠的糊状，当杯中的量达到 1/3 或 1/2 时开始进行拉花操作。

3. 持拉花缸，利用手腕的力量晃动，按照预设的图案进行描绘。这一步是最为关键的，注入奶泡时一定保持速度尽量慢，状态平稳，倾出的奶泡不可忽大忽小，开始和收尾的两步要干脆，图案的轮廓会鲜明而清晰，否则图案的轮廓模糊，影响视觉效果。

拉花失败的常见原因

刚开始学拉花时常常会因为各种情况而导致图案效果的失败，根据多年的经验，总结了几点：

1. 最常见的情况是收尾时动作犹豫或者手腕倾倒时不协调，导致拉花的线条不均匀。

2. 落点太靠近杯缘，摆动的曲线歪得厉害。

3. 刚开始拉花时会紧张，担心出差错，反而容易造成牛奶泡的流速不够，花纹弯曲，线条不匀称。

左右摆动不均匀

奶泡过厚，流速过小

奶泡过薄，流速过大

晃动流速过大

落点不在中心

咖啡拉花的基本手法

直接倒入成形法

这一方法是咖啡拉花制作中经常用到的手法，它是在意式浓缩咖啡表面迅速注入奶泡，利用手腕的晃动来形成各式各样的图案。该手法要干脆利索，短时间完成动作要领。

直接倒入成形法是咖啡拉花中难度比较大的一种，也是技术要求最高的一种，它必须注意细节，手腕晃动要干练，以便形成线条匀称、错落有致的图案。

直接倒入成形法主要有圆、心、树叶、郁金香等图案。

晃动

通过左右晃动拉花缸使咖啡表面形成清晰的纹路。晃动时需要注意幅度，一气呵成，不可犹豫，咖啡师较好的心理素质也是重要因素。

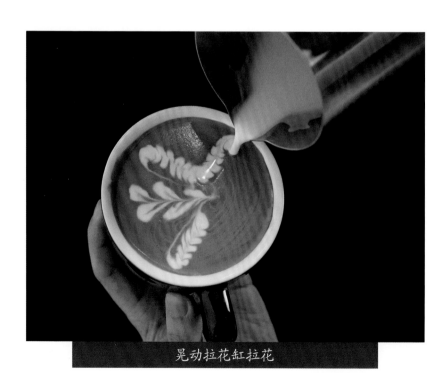

晃动拉花缸拉花

原点注入

原点注入

这是指通过调整拉花缸与咖啡杯的倾斜角度来完成图案。在注入奶泡之前，要确保意式浓缩咖啡与奶泡是充分融合的状态，拉花缸与咖啡杯需具有一定的倾斜度。卡布奇诺和心形图案就是原点注入的方式。

细奶流注入

在拉花设计的最后一步，往往使用细奶流来收奶泡。只有保证奶流不在中间断掉才有可能完成一个精美的图案设计。拉花缸的嘴同咖啡表面之间的距离调节非常重要，此种手法被运用在心形及树叶梗的绘制中。

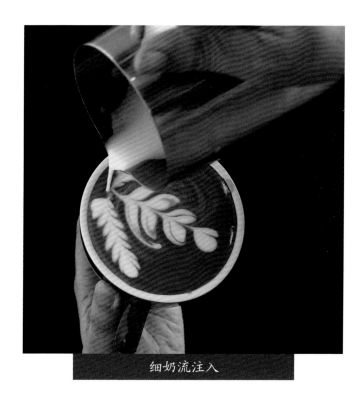

细奶流注入

手绘图形法

手绘图形法是在意式浓缩咖啡与牛奶泡充分融合，形成一定图案架构之后，利用雕花针或竹签等蘸取奶泡或巧克力酱等原料，在液面上勾画出各种图形。图形大致分为两种：一种是有规则的几何图形，另一种是动植物、人物图形。

利用手绘图形法比直接倒入成形法简单一些，在掌握图形特点的基础上，用心描绘即可得到一个完美的图形，但要有美术基础哦。

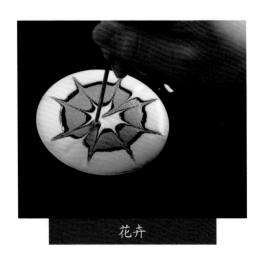

花卉

情侣

巧克力酱手绘拉花

这种拉花是褐色的意式浓缩咖啡、奶泡与巧克力酱的完美结合，一般用于摩卡、巧克力等咖啡拉花中，可以使图案精美、艳丽，艺术水准高，具有欣赏价值。

巧克力酱手绘

奶泡手绘拉花

这种拉花是蘸取咖啡液面的奶泡进行绘图。很多拉花都是采用这种方式，是相对较容易学会的拉花方法。

奶泡手绘

模具撒粉法

模具撒粉法是在意式浓缩咖啡与奶泡充分融合之后，将模具置于咖啡液面上方，通过撒粉的方法在液面上形成特定的图案。这种方法要求所打的奶泡细密，与意式浓缩咖啡的融合度非常高，不会露出特别显眼的白色。

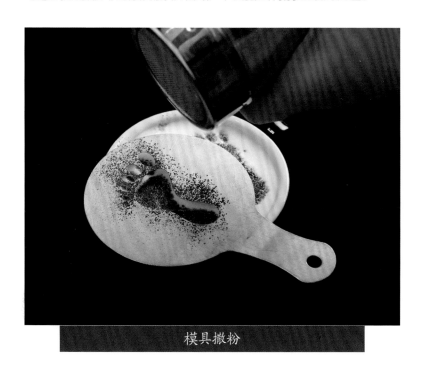

模具撒粉

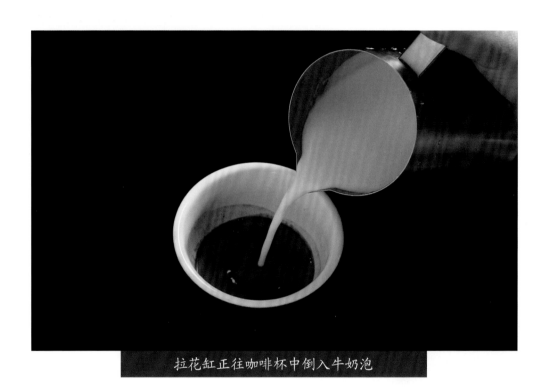

拉花缸正往咖啡杯中倒入牛奶泡

意式浓缩咖啡与奶泡的融合

　　在咖啡表面进行拉花之前，向盛有意式浓缩咖啡的杯子中倒入奶泡，让两者结合一体，称之为融合。融合的一个目的是为了使咖啡液表面有一定的凝聚力，便于拉花。此外，二者的完美融合可以使整杯咖啡的味道与口感跃升，甚至达到顶峰。而且融合完美也可以弥补在制作意式浓缩咖啡和打奶泡时出现的一些小失误，改善其口感。

　　奶泡制作完成后，不宜较长时间存放，因为泡沫状的牛奶与液态状的牛奶会产生分离，如果倒入意式浓缩咖啡中，分离速度更快。因此，奶泡打好后要及时与意式浓缩咖啡融合，否则容易导致拉花图案的模糊，以致作品失败。

　　意式浓缩咖啡与奶泡融合的速度与节奏要掌握适度，速度的快慢会影响咖啡的浓淡口感。过快可能会使二者的融合不够充分，过慢会使奶泡不易控制，形成图案时不到位，如线条不均匀，形状不美观等。节奏的控制会影响到咖啡拉花的整体效果，稀与密都会令拉花图案出现瑕疵。

　　意式浓缩咖啡与奶泡的融合重点在于依靠手腕的力量，这一步是调制一杯色香味形俱全的精品咖啡的重要一环。

03

享用一杯拉花咖啡

Xiangyong Yibei Lahua Kafei

拉花咖啡不仅美味，更是一件值得反复欣赏的艺术品。工作之余，闲暇时刻，享受快乐时光之时，亲自做一杯拉花咖啡，必定会增添不少情趣。即使在烦恼时刻，思绪万千之时，享用一杯咖啡，释放奇思妙想的问题便可迎刃而解。

如何对待咖啡，如何对待生活。

让我们享受咖啡，享受人生的乐趣吧！

爱心

Aixin

步骤 1　　　　步骤 2

步骤 3　　　　步骤 4

材料 →

意式浓缩咖啡 30mL，奶泡适量。

绘制方法 →

1. 准备杯子倾斜 45°。

2. 中心点注入融合，融合四分满，液面中心往后一点注入时晃动。

3. 一边摇晃，一边慢慢地把杯子回正。

4. 晃动到九分满，杯子慢慢地放平，慢慢地拿起拉花缸，横过泡沫上的圆，到泡沫和油沫的边缘后立起拉花缸。

展翅天鹅

Zhanchi Tian'e

材料 →

意式浓缩咖啡 30mL，奶泡适量。

绘制方法 →

1. 准备杯子倾斜 45°。

2. 拉花缸往液面（浓缩咖啡）中心开始注入奶泡，进行融合。

3. 融合至杯子六分满。

4. 一瞬间停止注入奶泡，拉花缸对准需要绘天鹅翅膀的位置。

5. 注入奶泡，按照天鹅翅膀的样式描绘，掌握好轻重缓急的度。先绘一边，接着绘另一边。

6. 描绘天鹅的脖子和头。

步骤 1　　步骤 2　　步骤 3　　步骤 4

步骤 5　　　　　　步骤 6

郁金香

Yujinxiang

步骤 1   步骤 2

步骤 3   步骤 4   步骤 5

步骤 6   步骤 7

材料→

意式浓缩咖啡 30mL，奶泡适量。

绘制方法→

1. 准备好意式浓缩咖啡和奶泡。

2. 咖啡杯倾斜约 45°，拉花缸缸嘴对准意式浓缩咖啡液面中心位置注入奶泡。

3. 注入奶泡时在中心液面旋转，使奶泡与意式浓缩咖啡充分融合。

4. 当融合至占满咖啡杯约 2/3 时，开始在液面加大流速地注入奶泡，描绘郁金香的底部。

5. 晃动拉花缸描绘图案，造型凝固后快速收尾，并用同样的方法描绘中心图案。

6. 继续圈点图案中心。

7. 用点、圆来收尾，最后在中间画一条线，一个美丽的郁金香图案就显现了。

叶子
Yezi

03 享用 一杯 拉花咖啡

材料→

意式浓缩咖啡 30mL，奶泡适量。

绘制方法→

1. 准备好意式浓缩咖啡和奶泡。

2. 咖啡杯倾斜 45°，提起拉花缸对准咖啡杯中间位置注入奶泡，使意式浓缩咖啡与奶泡充分融合，注入的时候在中心位置旋转。

3. 注入的奶泡填满咖啡杯的 2/3 时，在原点位置开始呈"之"字形慢慢晃动拉花缸。

4. 待描绘至叶子顶部时快速收尾。

5. 最后设计树叶的梗，将拉花缸定点在树叶顶部直线注入奶泡至底部。

6. 一款美丽的叶子清晰显现。

步骤 1　　步骤 2　　步骤 3　　步骤 4　　步骤 5　　步骤 6

嬉戏中的天鹅

Xixizhong De Tian'e

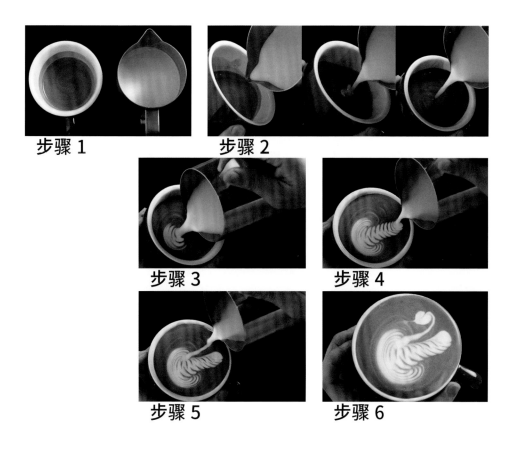

步骤 1　　　　步骤 2

步骤 3　　　　步骤 4

步骤 5　　　　步骤 6

材料 →

意式浓缩咖啡 30mL，奶泡适量。

绘制方法 →

1. 准备好意式浓缩咖啡和奶泡，其中意式浓缩咖啡的量占咖啡杯的 1/4。

2. 咖啡杯倾斜 45°，提起拉花缸对准咖啡杯中间位置注入奶泡，使意式浓缩咖啡与奶泡充分融合，注入的时候在中心位置旋转。

3. 待咖啡杯中的量达到 70% 时停止融合。将拉花缸对准咖啡杯左侧，呈"之"字形注入奶泡，拉花缸晃动的幅度稍大一点，以便描绘出天鹅的身体。

4. 拉花缸对准天鹅身体的中间位置，左右小幅度摆动，以描绘天鹅的翅膀。

5. 拉花缸移至天鹅身体的前端，很小幅度地摆动，描绘天鹅的头部。

6. 一只活泼可爱的天鹅映入眼帘。

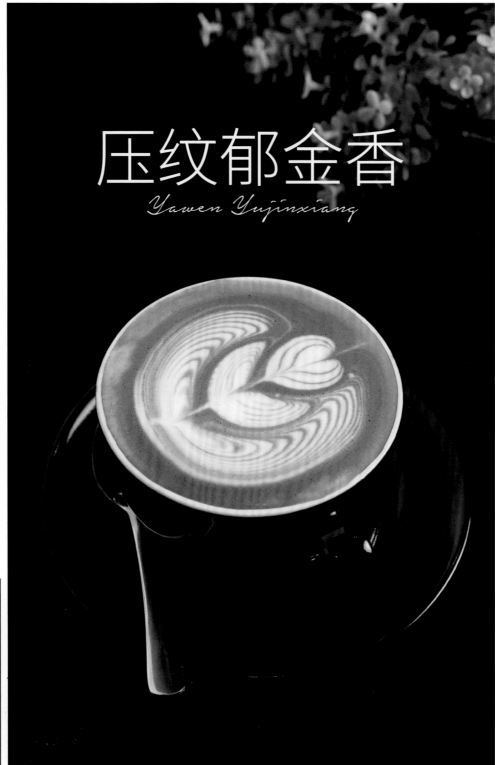

压纹郁金香

Yawen Yujinxiang

材料 →

意式浓缩咖啡 30mL，奶泡适量。

绘制方法 →

1. 往装有意式浓缩咖啡的咖啡杯中注入奶泡至填满杯子的30%，注入时在中心液面转动。

2. 拉花缸左右幅度较大地晃动，注入奶泡，形成一定的细条纹。收尾时加大出奶流量，以便在液面左侧形成有纹理的重心。

3. 然后在咖啡液面中心注入一个较大的圆。

4. 在前一个圆的右端末尾再注入一个稍小的圆，保持一会儿后挪动拉花缸向前一个圆的内部移动。

5. 抬高拉花缸，保持细奶流向左移动。

6. 压纹郁金香绘制成功。

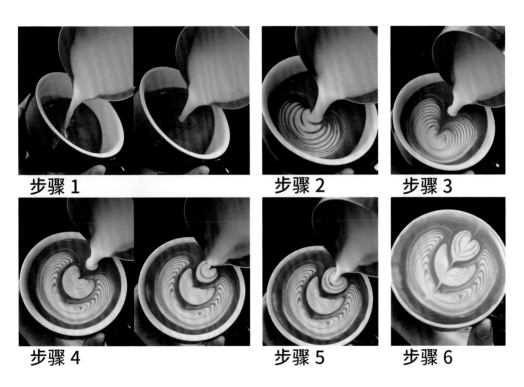

步骤 1 步骤 2 步骤 3

步骤 4 步骤 5 步骤 6

推心

Tuixin

步骤 1　　步骤 2　　步骤 3　　步骤 4　　步骤 5　　步骤 6

材料 →

意式浓缩咖啡 30mL，奶泡适量。

绘制方法 →

1. 往装有意式浓缩咖啡的咖啡杯中注入奶泡至填满杯子的 40%，注入时在中心液面转动。

2. 在咖啡液面左侧注入一个较大的圆弧形。

3. 在前一个圆弧的右端末尾再注入一个稍小的圆弧形，保持一会儿后挪动拉花缸向前一个圆弧内部移动。

4. 按照步骤 3 的方法再绘制三个圆弧。

5. 在圆弧顶端位置注入圆点，此时的出奶量要多，形成小圆点后急速收尾成细流，然后往左沿着中间位置画一条线。

6. 推心图案完美呈现。

三枝叶

Sanzhiye

材料 →

意式浓缩咖啡 30mL，奶泡适量。

绘制方法 →

1. 往装有意式浓缩咖啡的咖啡杯中注入奶泡至填满杯子的 40%，注入时在中心液面转动。

2. 在咖啡液面位置，拉花缸左右幅度呈"之"字形晃动，注入奶泡，形成一定的细条纹。

3. 当拉花缸到达另一端时收尾，然后抬高拉花缸保持细流于"之"字中间位置向左移动，形成一枝叶。

4. 用同样的方法在叶的两侧各制作一枝稍小的叶。

5. 三枝叶图案绘制完成。

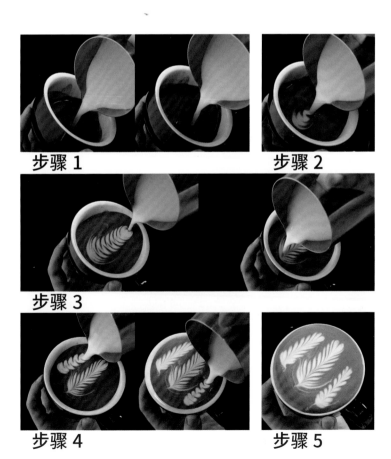

步骤 1

步骤 2

步骤 3

步骤 4

步骤 5

大枝叶

Dazhiye

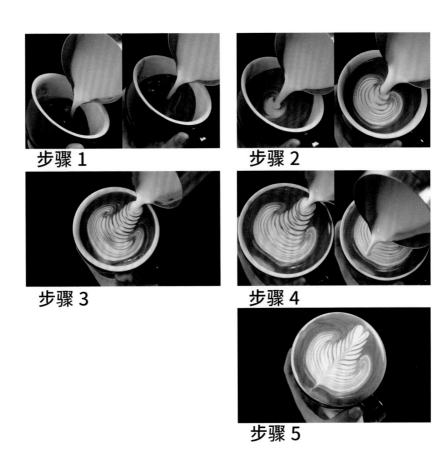

步骤 1　　　　　　　　　步骤 2

步骤 3　　　　　　　　　步骤 4

步骤 5

材料 →

意式浓缩咖啡 30mL，奶泡适量。

绘制方法→

1. 往装有意式浓缩咖啡的咖啡杯中注入奶泡至填满杯子的 40%，注入时在中心液面转动。

2. 晃动拉花缸的同时在咖啡液面中心位置开始注入，直至树叶的下半部分图案占满整个咖啡杯。

3. 左右摇摆地晃动拉花缸,幅度由大至小,直至树叶顶部图案完成。

4. 在树叶顶部位置开始抬高拉花缸至液面上方，保持细奶流注入，并使拉花缸微微向左移动。

5. 树叶的图案完成设计。

小鸭戏水

Xiaoya Xishui

材料 →

意式浓缩咖啡 30mL，奶泡适量。

绘制方法 →

1. 往装有意式浓缩咖啡的咖啡杯中注入奶泡至填满杯子的 30%，注入时在中心液面转动。

2. 在咖啡液面左侧描绘花朵，拉花缸左右呈一定弧度移动。

3. 描绘小鸭的身体，拉花缸呈左右"之"字形小幅度移动。

4. 拉花缸保持细奶流向上弯曲移动，设计小鸭头部。

5. 在小鸭身体下部设计水波纹，拉花缸保持细奶流，并缓慢移动，以便波纹更逼真。

6. 小鸭戏水图案绘制成功。

步骤 1

步骤 2

步骤 3

步骤 4

步骤 5

步骤 6

反推展翅天鹅

Fantui Zhanchi Tian'e

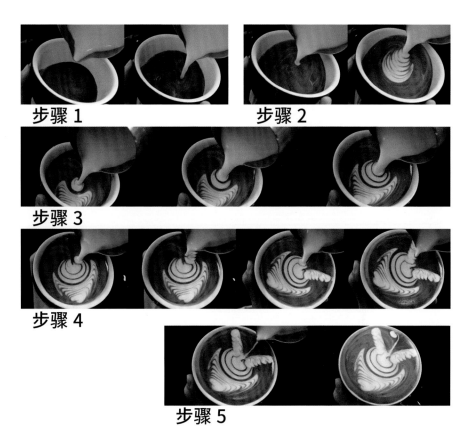

步骤 1

步骤 2

步骤 3

步骤 4

步骤 5

材料 →

意式浓缩咖啡 30mL，奶泡适量。

绘制方法 →

1. 往装有意式浓缩咖啡的咖啡杯中注入奶泡至填满杯子的 40%，注入时在中心液面转动。

2. 在咖啡液面靠右一点位置注入奶泡，并小幅度左右晃动，使注入的奶泡往里推进。

3. 转动咖啡杯 180°，使咖啡杯放正，在液面中央圆点式注入奶泡，按照这种方法注入 3 次。

4. 在第 1、第 2 次圆弧处注入奶泡，注入时拉花缸左右小幅度晃动，描绘天鹅的翅膀。

5. 最后拉花缸流出细奶流描绘天鹅的脖子，到达头部时奶流量增加，以似心形状收尾。

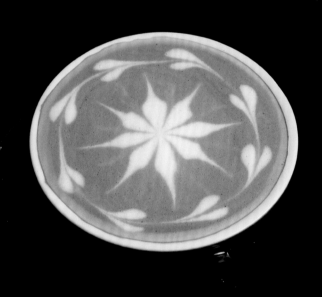

星光闪闪

Xingguang Shanshan

材料 →

意式浓缩咖啡 30mL，奶泡适量，大匙，雕花针。

绘制方法 →

1. 准备好意式浓缩咖啡和奶泡。

2. 咖啡杯放置在桌面上，拉花缸嘴对准意式浓缩咖啡液面中心位置注入奶泡，最后液面距离咖啡杯水平面 1cm。

3. 用雕花针搅拌意式浓缩咖啡与奶泡的融合液，使之更加均匀、紧密融合。

4. 用大匙从拉花缸中盛奶泡，放入咖啡液面中央，形成一个圆。

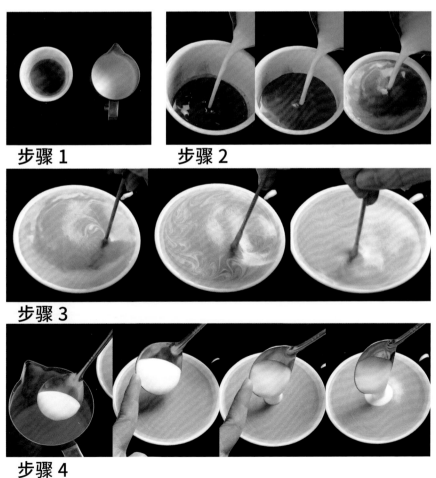

步骤 1

步骤 2

步骤 3

步骤 4

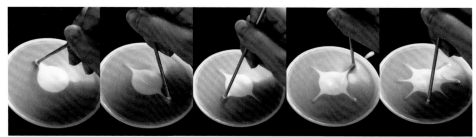

步骤5

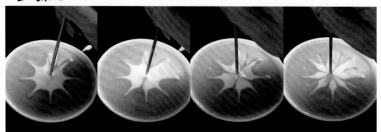

步骤6

步骤7

步骤8

5. 利用雕花针从圆中心向外均匀地画线，使图案成对称性。

6. 雕花针在两个星尖之间由外向中心划入。

7. 雕花针蘸取奶泡在星光周围注入点状奶泡。

8. 雕花针对准点状奶泡沿顺时针将所有点状奶泡连接起来。星光闪闪的雕花完成了。

雏菊

chuJu

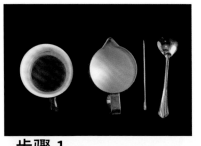

步骤 1

步骤 2

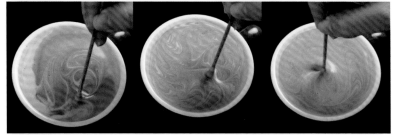

步骤 3

步骤 4

材料 →

意式浓缩咖啡 30mL，奶泡适量，大匙，雕花针。

绘制方法 →

1. 准备好意式浓缩咖啡、奶泡、雕花针、大匙。

2. 咖啡杯放置在桌面上，拉花缸嘴对准意式浓缩咖啡液面中心位置注入奶泡，并且匀速旋转拉花缸，至液面与咖啡杯水平对齐。

3. 用雕花针搅拌意式浓缩咖啡与奶泡的融合液，使之更加均匀、紧密融合。

4. 用大匙从拉花缸中盛奶泡，放入咖啡液面中央，形成一个实心圆。

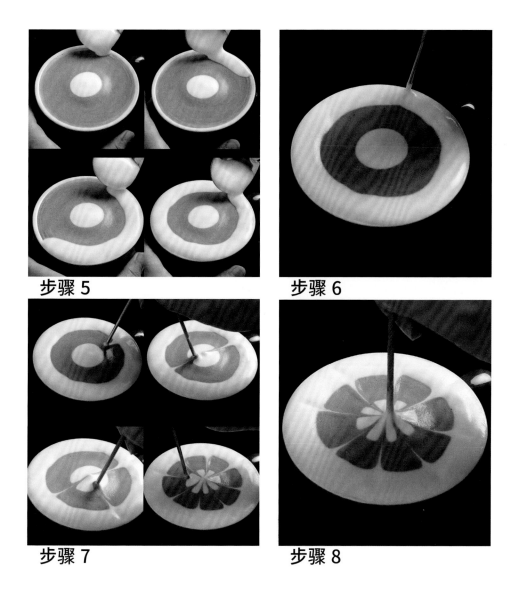

步骤 5

步骤 6

步骤 7

步骤 8

5. 用大匙再从拉花缸中盛奶泡，沿着咖啡杯边缘注入奶泡，围成一个外圈。

6. 用雕花针将外圈的奶泡搅拌均匀。

7. 用雕花针从外圈奶泡划向内圆心，并使图案对称。

8. 用雕花针垂直向下插入内圆中心，然后拔出，漂亮的图案完成了。

闪烁之花

Shanshuozhihua

材料 →

意式浓缩咖啡 30mL，奶泡适量，雕花针。

绘制方法 →

1~6. 同"雏菊"绘制方法（P79）。

   7. 用雕花针从内圆圈中心向外圆圈中心划线，并使图案对称。

   8. 在两条线之间用雕花针从外圆圈划向内圆圈中心。

   9. 用雕花针垂直向下插入内圆中心，然后拔出，漂亮的图案完成了。

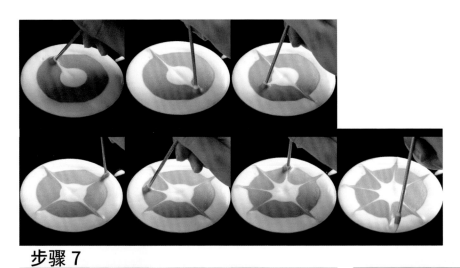

步骤 7

步骤 8

步骤 9

环形之花

Huanxingzhihua

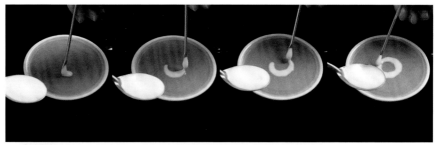

步骤 4

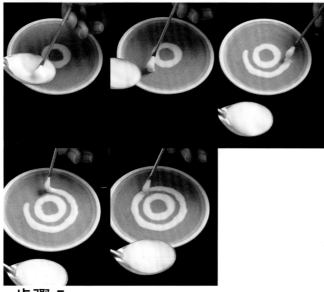

步骤 5

材料→

意式浓缩咖啡 30mL，奶泡适量，大匙，雕花针。

绘制方法→

1~3. 同"雏菊"绘制方法（P79）。

4. 大匙从拉花缸中盛入奶泡，用雕花针蘸取少量奶泡，然后在咖啡液面中央画一个空心的小圆。

5. 然后在小空心圈外画一个挨着的圆。

步骤 6

步骤 7

步骤 8

6. 在步骤5画好的圆外围再画一个挨着的圆。

7. 用雕花针在最里面的圆中心蘸取少量咖啡液。

8. 雕花针从咖啡杯边缘往液面中心的圆心划去，并使形成的图案对称。

龙猫

Longmao

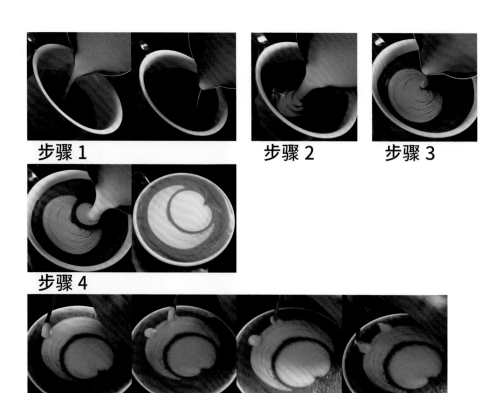

步骤 1　　步骤 2　　步骤 3

步骤 4

步骤 5

材料→

意式浓缩咖啡 30mL，奶泡适量，大匙，雕花针。

绘制方法→

1. 装有意式浓缩咖啡的咖啡杯倾斜 45°，从拉花缸中往咖啡杯里注入奶泡，注入时奶流量不宜大，并且在中央位置转动，当咖啡杯中的液面达到约 50% 时停止注入。

2. 拉花缸贴近咖啡杯，流量较大地注入奶泡，注意保持注入的速度，并且左右晃动拉花缸，幅度由大渐小，且往后拉。

3. 奶泡注入至液面中央，收尾时突然加大出奶泡的量，以便形成一个旋涡状。

4. 在液面靠右位置大流量地注入奶泡，在液面形成一个实心圆。由于推力作用，使前一个图案似弯弯的月亮。

5. 大匙中盛入奶泡，用雕花针从匙中蘸取奶泡，在月亮状图案靠近咖啡杯边缘位置描绘龙猫的耳朵轮廓。

步骤 6

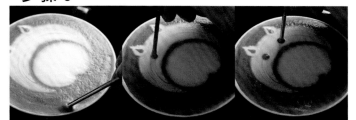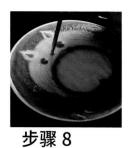

步骤 7　　　　　　　　　　　　　　　　　**步骤 8**

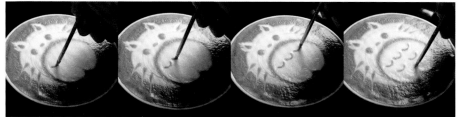

步骤 9

步骤 10

6.　雕花针从咖啡液面边缘蘸取意式浓缩咖啡插入龙猫耳朵轮廓中心。

7.　同步骤 6 的蘸取方法，描绘龙猫的眼睛。

8.　同步骤 6 的蘸取方法，描绘龙猫的鼻子。

9.　同步骤 6 的蘸取方法，描绘龙猫的胡须。

10.　同步骤 6 的蘸取方法，在圆的位置刻画呈弧形状的线条，作为龙猫的肚皮。

熊

Xiong

材料 →

意式浓缩咖啡 30mL，奶泡适量，雕花针，匙。

绘制方法 →

1. 装有意式浓缩咖啡的咖啡杯倾斜 45°，从拉花缸中往咖啡杯里注入奶泡，注入时奶流量不宜大，并且在中央位置转动，当咖啡杯中的液面达到约 50% 时停止注入。

2. 拉花缸贴近咖啡杯，流量较大地注入奶泡，注意保持注入的速度，待液面呈圆形。

3. 缸嘴往上翘，收起奶泡，形成心形。

4. 在心形开口处大流量地注入奶泡，使之成小的心形图案。

5. 用雕花针从匙中蘸取奶泡，在大心形靠近咖啡杯边缘描绘耳朵的轮廓。

步骤 1

步骤 2

步骤 3

步骤 4

步骤 5

步骤 6

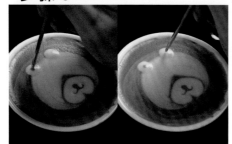

步骤 7

步骤 8

步骤 9

6. 雕花针从咖啡液面边缘蘸取意式浓缩咖啡在小心形处描绘熊的鼻子。

7. 雕花针蘸取意式浓缩咖啡插入熊耳朵轮廓中心。

8. 雕花针蘸取意式浓缩咖啡描绘熊的眼睛。

9. 美丽的熊映入眼帘。

宠物猪

Chongwuzhu

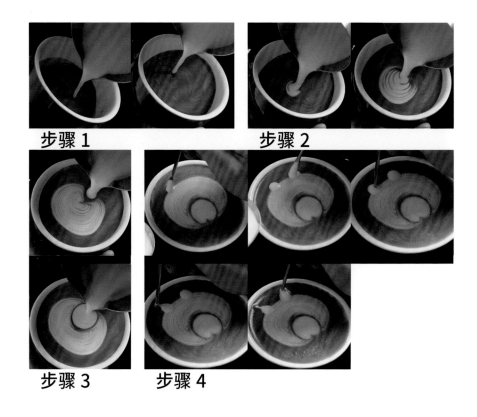

步骤 1　　步骤 2

步骤 3　　步骤 4

材料 →

意式浓缩咖啡 30mL，奶泡适量，匙，雕花针。

绘制方法 →

1. 装有意式浓缩咖啡的咖啡杯倾斜 45°，从拉花缸中往咖啡杯里注入奶泡，注入时奶流量不宜大，并且在中央位置转动，当咖啡杯中的液面达到约 50% 时停止注入。

2. 拉花缸贴近咖啡杯中央，流量较大地注入奶泡，注意保持注入的速度，并左右较小幅度地晃动拉花缸，直至液面呈圆形。由于注入的奶流较大，在注入的地方奶泡会泄入咖啡杯底部，因而在液面形成一个旋涡，并留下一小块空位。

3. 在步骤 2 的小块空位处，拉花缸贴近液面保持较大奶流地注入，以便在液面形成一个小圆，填补步骤 2 的小块空位。

4. 匙中盛入奶泡，用雕花针从匙中蘸取奶泡在大圆弧图形的顶端匀称地滴两点奶泡，然后用雕花针从点的中心往上划，描绘出猪的耳朵。

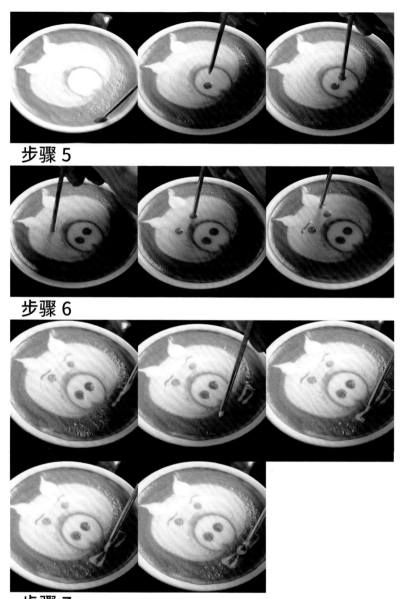

步骤 5

步骤 6

步骤 7

5. 雕花针在咖啡杯边缘蘸取意式浓缩咖啡液，在小圆中描绘猪的鼻子。

6. 雕花针在咖啡杯边缘蘸取意式浓缩咖啡液，在大圆弧上方描绘猪的眼睛和眉毛。

7. 雕花针从匙中蘸取奶泡，在猪的下巴位置描绘猪的领结。

麦穗小花

Maisui Xiaohua

步骤 1

步骤 2

步骤 3

材料 →

意式浓缩咖啡 30mL，奶泡适量，匙，雕花针。

绘制方法 →

1. 装有意式浓缩咖啡的咖啡杯倾斜 45°，从拉花缸中往咖啡杯里注入奶泡，注入时奶流量不宜大，拉花缸与咖啡杯不宜靠得太近，并且在中央位置转动，当咖啡杯中的液面达到约 80% 时停止注入。

2. 拉花缸移至咖啡杯靠近身边一侧，对准构图位置注入奶泡，速度不宜过快，且要左右小幅晃动，然后抬高拉花缸，保持细奶流，在图案中央画线，形成麦穗状。

3. 用步骤 2 的方法在咖啡杯的另一侧绘制同样的麦穗。

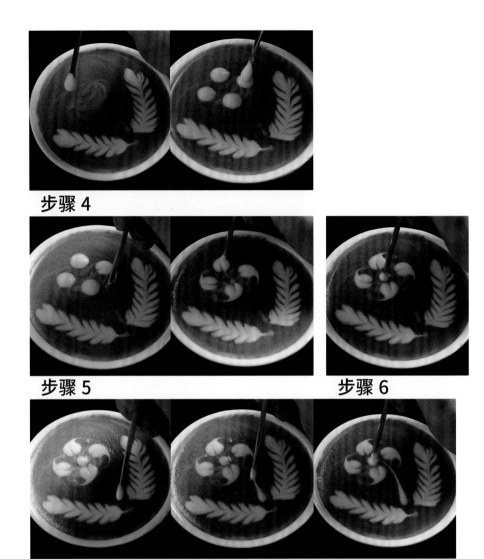

步骤 4

步骤 5

步骤 6

步骤 7

4. 匙中装入奶泡，雕花针从匙中蘸取奶泡，在麦穗上方点四个均匀的点。

5. 用雕花针对准每个点，艺术性地划成似逗号状。

6. 在四个小花瓣中间注入一滴奶泡。

7. 在两个麦穗之间的底部注入一滴奶泡，然后用雕花针划向上部最中心的奶泡点。

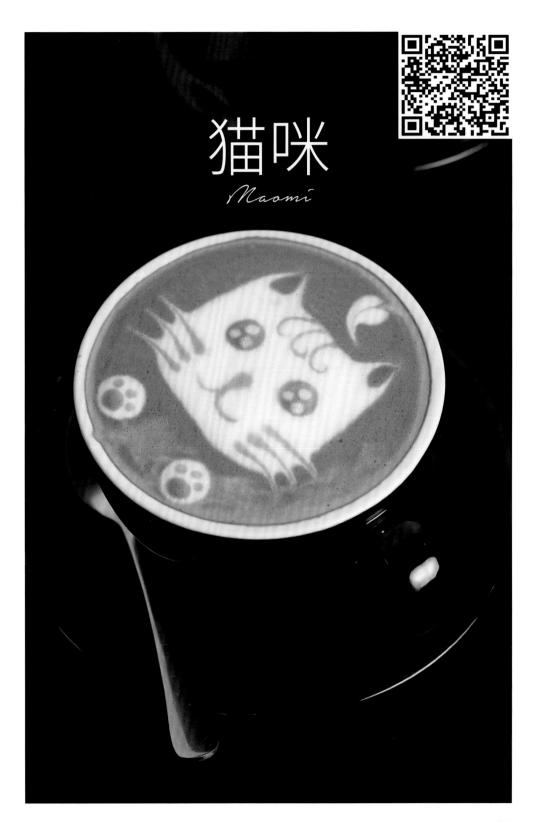

猫咪

Maomi

材料 →

意式浓缩咖啡 30mL，适量奶泡，大匙，雕花针。

绘制方法 →

1. 装有意式浓缩咖啡的咖啡杯置于桌面，往杯内注入奶泡进行混合直至填满杯。

2. 用雕花针在液面搅拌均匀。

3. 用大匙从拉花缸中盛奶泡，分 3 次分别倒在液面左侧、右侧、中间，然后用匙盛奶泡填平整，形成一个长方形。

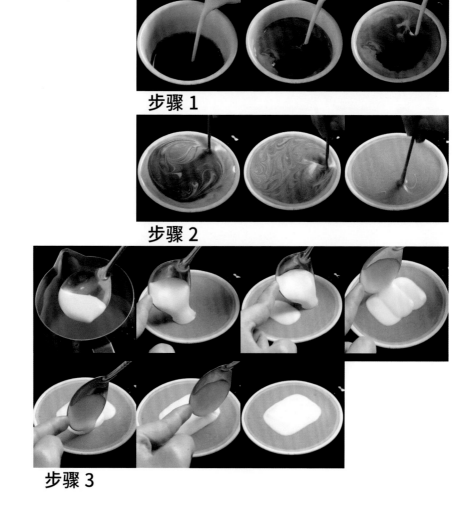

步骤 1

步骤 2

步骤 3

步骤 4

步骤 5

步骤 6

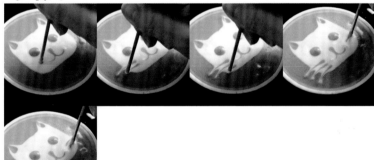

步骤 7

4. 用雕花针对准上方两个角插入并往上划，使之形成镂空状，绘制猫咪的耳朵。

5. 雕花针在液面边缘蘸取咖啡液，滴两点在耳朵下方，间距恰当，绘制猫咪的眼睛。

6. 雕花针同样蘸取咖啡液，在眼睛下方滴一点，然后用雕花针往两边划弧形，绘制猫的鼻子。

7. 雕花针同样蘸取咖啡液，在脸部左侧先滴入咖啡液，然后往左划，形成猫咪的胡须。用同样方法再划两次。按照同样的方法，在脸部右侧也制作同样多的胡须。

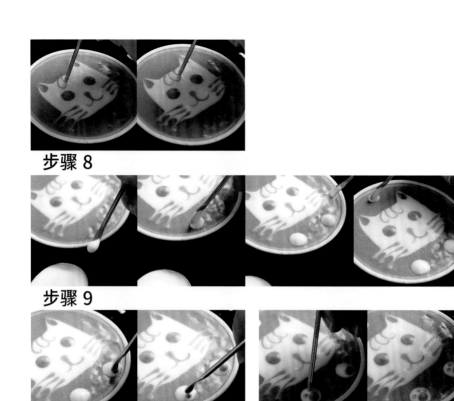

步骤 8

步骤 9

步骤 10

步骤 11

步骤 12

步骤 13

8. 雕花针同样蘸取咖啡液，在猫咪的额头绘制眉须。

9. 用扁平针从大匙中提取奶泡，注入两点在猫头部下方，一点为头部上方。

10. 扁平针提取少许咖啡液，滴在头部下方的两点上，占据约 1/4 的位置。

11. 用雕花针蘸取咖啡液，滴 3 滴在步骤 10 咖啡液的上方，注意匀称。

12. 雕花针对准猫咪头部的奶泡点划一下月牙状。

13. 雕花针蘸取奶泡，两只眼睛分别滴 3 滴奶泡。一只完美的猫咪完成了。

情侣
Qinglv

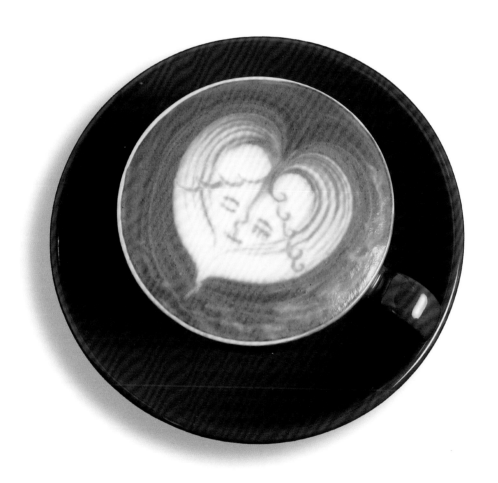

步骤 1

步骤 2

步骤 3

材料→

意式浓缩咖啡 30mL，奶泡适量，雕花针。

绘制方法→

1. 装有意式浓缩咖啡的咖啡杯倾斜状态下往杯中注入奶泡至杯子的 40%。

2. 拉花缸缸嘴对准构图起点，最大限度地贴近咖啡液面注入奶泡。在咖啡杯处于倾斜的状态下形成一定的流速使奶泡往外涌出来。注入奶泡的同时晃动拉花缸。

3. 快绘制完成时，咖啡杯慢慢扶正，然后拉花缸对准中间画一条线收尾。

步骤 4

步骤 5

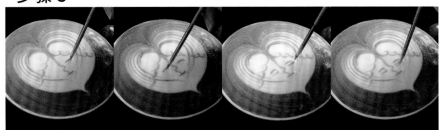

步骤 6

4. 雕花针蘸取咖啡液从如图如示位置在左侧绘制几个弧形，用同样的方法在右侧也绘制几个弧形。

5. 雕花针沿着中心线划至中心时扭动两次，形成弯曲状，然后在末尾画一横线。

6. 雕花针在左右两侧如图所示位置绘制眼睛。情侣图案大功告成。

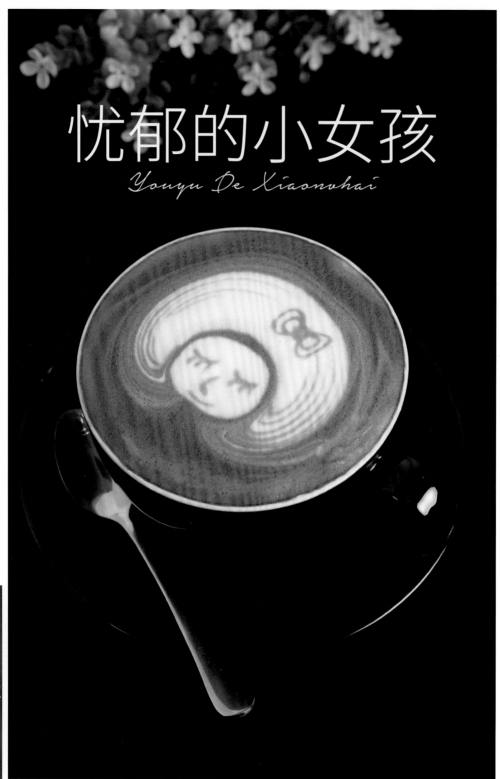

忧郁的小女孩

Youyu De Xiaonvhai

材料 →

意式浓缩咖啡 30mL，奶泡适量，雕花针。

绘制方法 →

1. 装有意式浓缩咖啡的咖啡杯倾斜状态下往杯中注入奶泡至杯子的 40%。

2. 拉花缸缸嘴对准构图起点，最大限度地贴近咖啡液面注入奶泡。在咖啡杯处于倾斜的状态下形成一定的流速使奶泡往外涌出来，呈心形时停止注入。

3. 在如图所示位置按照步骤 2 的方法注入奶泡，形成一个圆角的奶泡液面。

4. 雕花针蘸取咖啡液，在如图所示位置滴入，然后用雕花针绘制一个蝴蝶结。

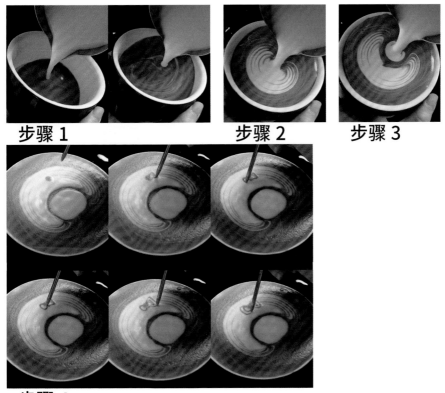

步骤 1　　　　　步骤 2　　　步骤 3

步骤 4

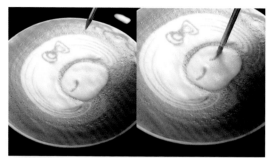

步骤 5

步骤 6

步骤 7

步骤 8

5. 雕花针蘸取咖啡液，在如图所示位置绘制小女孩的眼睛。

6. 雕花针蘸取咖啡液绘出鼻子。

7. 雕花针蘸取咖啡液绘出睫毛。

8. 雕花针蘸取咖啡液绘出嘴巴。

蜗牛

Woniu

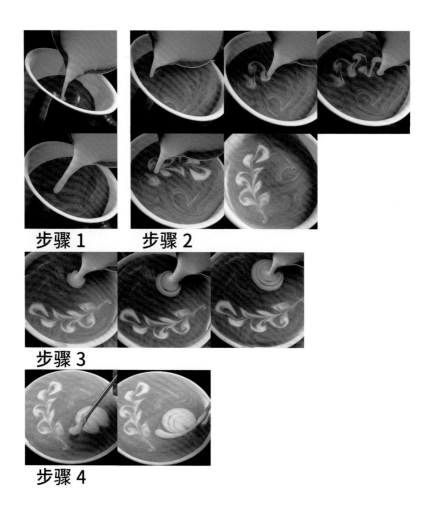

步骤 1　　**步骤 2**

步骤 3

步骤 4

材料 →

意式浓缩咖啡 30mL，奶泡适量，匙，雕花针。

绘制方法 →

1. 装有意式浓缩咖啡的咖啡杯在倾斜状态下往杯中注入奶泡至杯子的 50%。

2. 拉花缸缸嘴对准构图起点，最大限度地贴近咖啡液面注入奶泡。在咖啡杯处于倾斜的状态下保持细奶流，晃动拉花缸，绘制小小的草叶枝。

3. 拉花缸嘴贴近咖啡液面，在草叶枝右侧分 3 次注入牛奶泡，奶流适度大一点儿，以便往外涌形成蜗牛的身子。

4. 雕花针从匙中蘸取奶泡，在蜗牛身子下画一道弯弯的线。

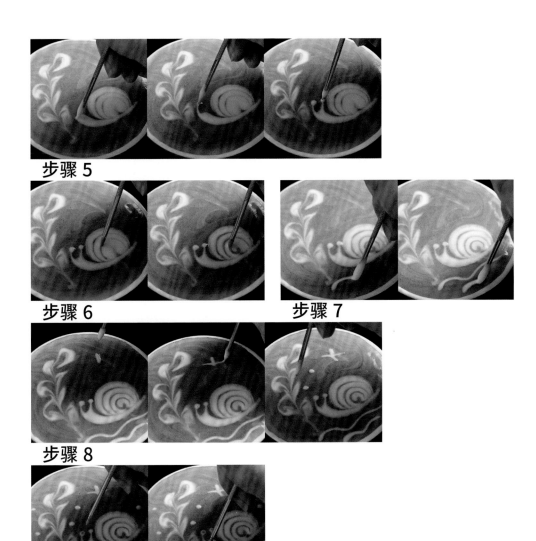

步骤 5

步骤 6

步骤 7

步骤 8

步骤 9

5. 雕花针从匙中蘸取奶泡，在步骤4画线的起点画两条较短的细线。

6. 雕花针蘸取咖啡液，将蜗牛外壳描绘清晰。

7. 雕花针蘸取奶泡，在蜗牛下方画两道波浪状的条纹。

8. 雕花针蘸取奶泡，在整个图案的周边滴上奶泡或画交叉状图案，以丰富画面。

9. 雕花针蘸取咖啡液，画出蜗牛的眼睛与嘴巴。

神秘十字

Shenmi Shizi

03 享用 一杯拉花咖啡

材料 →

意式浓缩咖啡 30mL，巧克力酱适量，奶泡适量，大匙，雕花针。

绘制方法 →

1. 装有意式浓缩咖啡的咖啡杯置于桌面，往杯内注入奶泡进行混合直至填满杯。

2. 用雕花针将液面搅拌均匀。

3. 大匙从拉花缸中盛入奶泡，倒入咖啡液面，使之形成"十"字形图案。

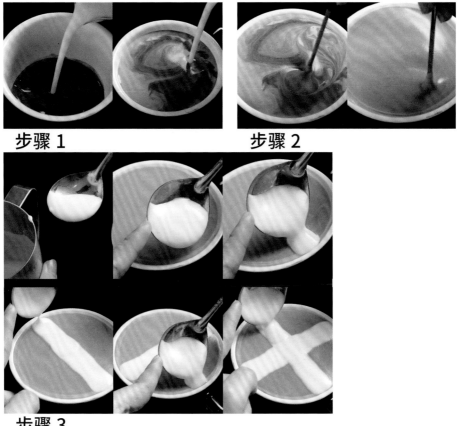

步骤 1　　　　步骤 2

步骤 3

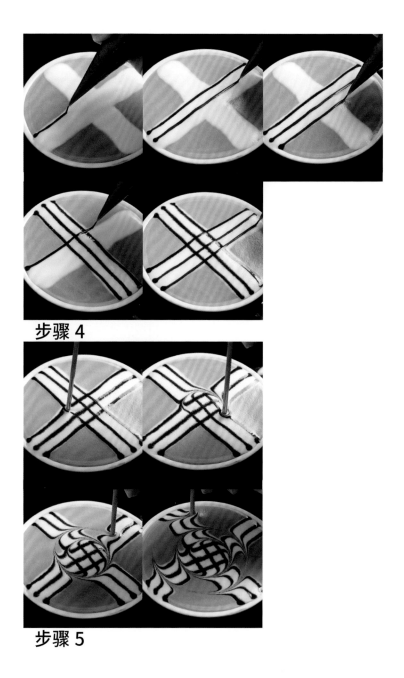

步骤 4

步骤 5

4. 裱花袋中倒入巧克力酱，在两条十字型图案上分别注入巧克力酱。

5. 用雕花针从液面中央由里到外画三个圈，美丽的图案完成了。

圣诞树

Shengdan Shu

步骤 1

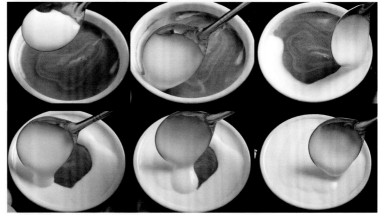

步骤 2

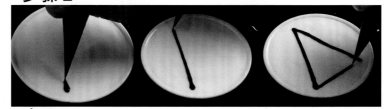

步骤 3

材料→

意式浓缩咖啡 30mL，巧克力酱适量，奶泡适量，大匙，雕花针。

绘制方法→

1. 装有意式浓缩咖啡的咖啡杯置于桌面，往杯内注入奶泡进行混合直至填满杯子的 80%。

2. 大匙从拉花缸中盛入奶泡，沿着咖啡杯边缘由外向内倒入奶泡，直至填满整个杯子表面。

3. 裱花袋中倒入巧克力酱，对准构图位置画一个三角形图案。

步骤 4

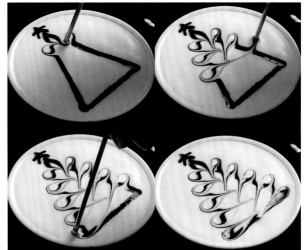

步骤 5

步骤 6

步骤 7

4. 在三角形图案顶端绘制一个五角星。

5. 雕花针围绕三角形图案画圆弧状，描绘出圣诞树的叶子。

6. 裱花袋对准三角形底部，描绘出圣诞树的树干。

7. 在圣诞树周围挤出巧克力酱，画出多个星状图案。

轻松熊

qingsongxiong

材料 →

意式浓缩咖啡 30mL，巧克力酱适量，奶泡适量，大匙，雕花针。

绘制方法 →

1. 装有意式浓缩咖啡的咖啡杯置于桌面,往杯内注入奶泡进行混合直至填满杯子。

2. 用雕花针将液面搅拌均匀。

3. 大匙盛入奶泡，平缓地倒入咖啡液面，形成一个实心圆。

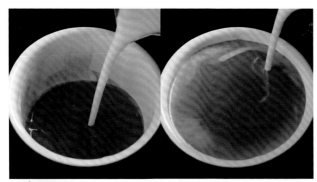

步骤 1

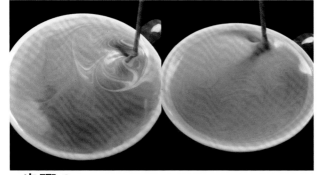

步骤 2

步骤 3

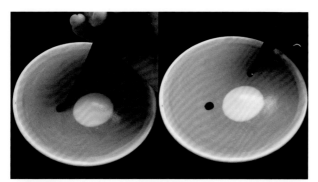

步骤 4

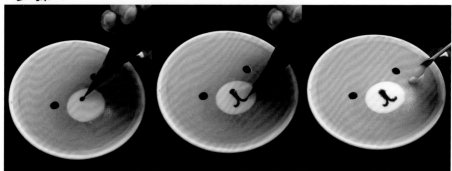

步骤 5

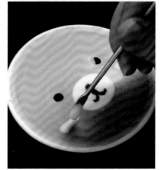

步骤 6

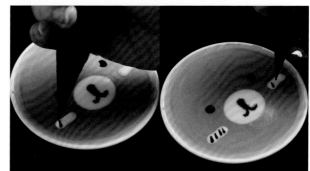

步骤 7

4. 裱花袋中倒入巧克力酱，在实心圆上方滴入两滴，作为轻松熊的眼睛。

5. 裱花袋对准实心圆，绘制轻松熊的鼻子。

6. 扁平针蘸取奶泡，在轻松熊面部左右两边各画一条横线。

7. 裱花袋对准左右两边的横线，注入巧克力酱，形成短而细的线。

巧克力拿铁

Qiaokeli Natie

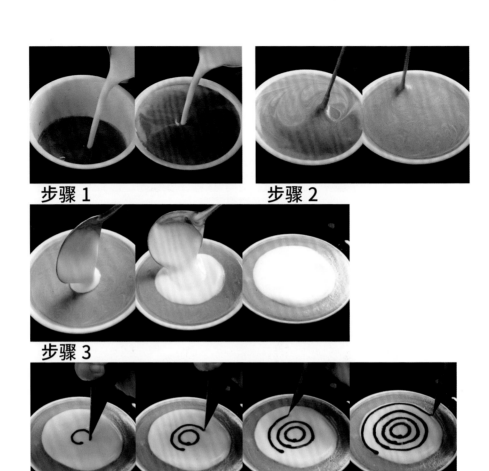

步骤 1　　　　　　　步骤 2

步骤 3

步骤 4

材料→

意式浓缩咖啡 30mL，巧克力酱适量，奶泡适量，大匙，雕花针。

绘制方法→

1. 装有意式浓缩咖啡的咖啡杯置于桌面，拉花缸对准咖啡杯中央徐徐地倒入细密的奶泡，直至咖啡杯满。

2. 用雕花针将液面搅拌均匀。

3. 大匙中盛入奶泡，缓缓地倾入咖啡液表面，形成一个较大的实心圆。

4. 裱花袋中倒入巧克力酱，在实心圆上由里到外画 4 个圆圈。

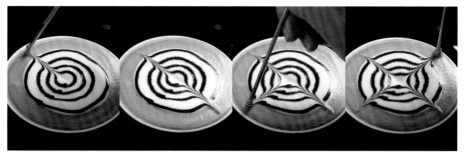

步骤 5

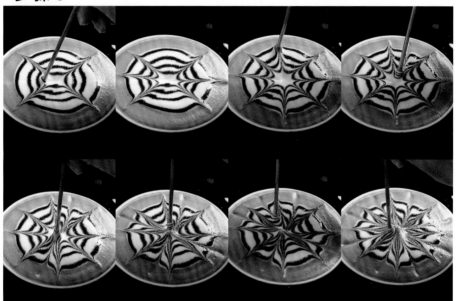

步骤 6

步骤 7

5. 用雕花针由内向外勾出 4 条线，每勾一笔就要用棉布或餐巾纸擦净雕花针，然后继续勾画。

6. 勾出 4 条基准线后，在基准线之间由内向外均匀地勾线，再由外向内勾回。

7. 用线将所有面都填好后，花纹就完成了。

枝叶盛开

Zhiye Shengkai

材料→

意式浓缩咖啡 30mL，奶泡适量。

绘制方法→

1. 装有意式浓缩咖啡的咖啡杯在倾斜状态下往杯中注入牛奶泡至杯子的 40%。

2. 拉花缸贴近咖啡杯，然后间断式地注入奶泡，在液面形成 3~4 个月牙状图案。

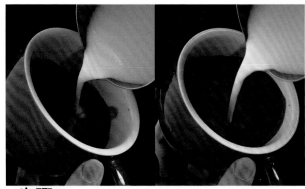

步骤 1

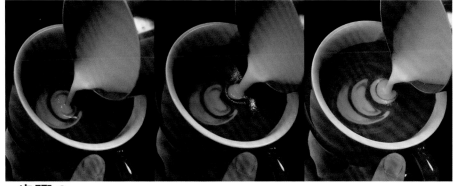

步骤 2

步骤 3

步骤 4

步骤 5

3. 拉花缸注入一大点奶泡后迅速收回，然后对准这一点保持细奶流，由下往上注入，形成一条细线。（注意：随着液面的上升，咖啡杯需要缓慢移正。）

4. 在原有图案的两边注入奶泡，注入时左右晃动拉花缸，到末端时迅速收起保持细奶流，在其中间注入一条细线。

5. 一幅完美的花纹完成了。

凤凰

Fenghuang

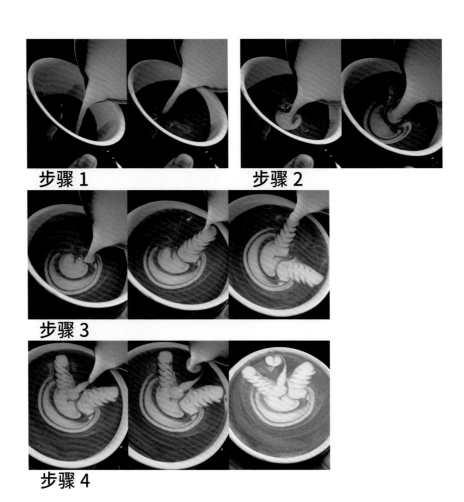

步骤 1　步骤 2

步骤 3

步骤 4

材料→

意式浓缩咖啡 30mL，奶泡适量，雕花针。

绘制方法→

1. 装有意式浓缩咖啡的咖啡杯在倾斜状态下往杯中注入牛奶泡进行混合至填满杯子的 40%。

2. 分 2 次往咖啡杯中注入奶泡，使奶泡往外涌。

3. 对准如图所示位置左右两边注入奶泡，注入时左右小幅度晃动拉花缸，形成凤凰的翅膀。

4. 在翅膀中间细线流地注入奶泡，绘制脖子和头部。

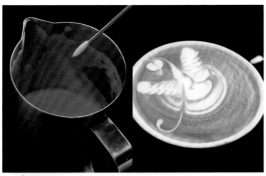

步骤 5

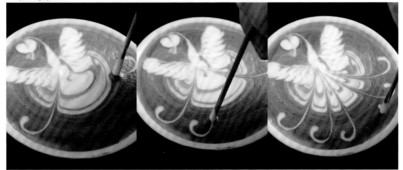

步骤 6

步骤 7

5. 用雕花针从拉花缸中蘸取奶泡，由外往内画一条弧形，终点于凤凰身子内。

6. 用同样的方法画出均匀的四条弧形。

7. 雕花针蘸取奶泡，滴于弯曲的弧形内，完成图案设计。

叶花

Yehua

材料 →

意式浓缩咖啡 30mL，奶泡适量，雕花针。

绘制方法 →

1. 装有意式浓缩咖啡的咖啡杯在倾斜状态下往杯中注入奶泡进行混合至填满杯子的 40%。

2. 拉花缸贴近咖啡杯，对准构图位置晃动并注入奶泡，使之形成一个连续的弧状图案。

3. 注入至末尾时拉花缸保持细奶流，对准中间处返回注入奶泡，形成一束枝叶。

4. 拉花缸保持细奶流，对准构图位置绘制花朵。

步骤 1

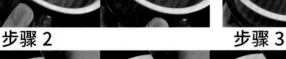

步骤 2　　　　　　　　　步骤 3

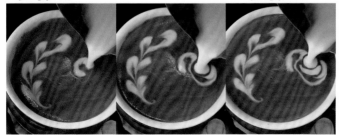

步骤 4

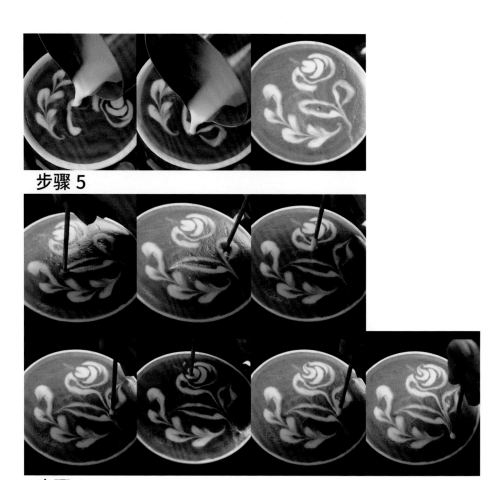

步骤 5

步骤 6

5. 拉花缸保持细奶流，在花朵下面绘制枝叶。

6. 用雕花针分别蘸取咖啡液和奶泡，修饰枝叶和花朵。

兔子
Tuzi

步骤 1

步骤 2

步骤 3

材料→

意式浓缩咖啡 30mL，奶泡适量，大匙，雕花针。

绘制方法→

1. 装有意式浓缩咖啡的咖啡杯在倾斜状态下往杯中注入奶泡至杯子的 70%。

2. 拉花缸尽量贴近咖啡杯，大流量地注入奶泡，使奶泡往外涌，似一个心状时迅速收起拉花缸，保持细奶流，从中央画一条细线。

3. 用大匙盛奶泡缓慢地倒在心形下方，形成一个圆。

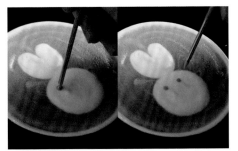

步骤 4

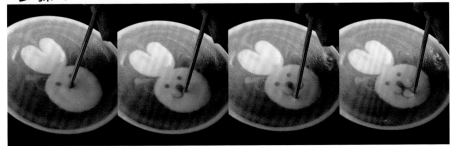

步骤 5

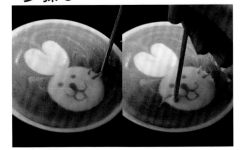

步骤 6

步骤 7

4. 雕花针蘸取咖啡液滴在实心圆上方，作为兔子的眼睛。

5. 雕花针蘸取咖啡液，在眼睛下方绘制兔子的鼻子和嘴巴。

6. 雕花针蘸取咖啡液，在兔子脸部左右两边描绘胡须。

7. 修饰兔子嘴巴。

胡桃

Hutao

03 享用 一杯 拉花咖啡

材料→

意式浓缩咖啡 30mL，巧克力酱适量，奶泡适量，雕花针。

绘制方法→

1. 装有意式浓缩咖啡的咖啡杯置于桌面，往杯内注入奶泡进行混合直至填满杯子。

2. 用雕花针将液面搅拌均匀。

3. 裱花袋中倒入巧克力酱，沿着咖啡杯边缘挤巧克力酱，挤的时候左右摆动，绘成一连串 S 形的圆圈。

步骤 1

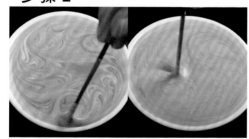

步骤 2

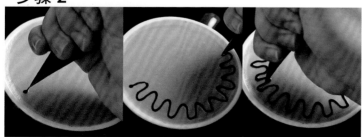

步骤 3

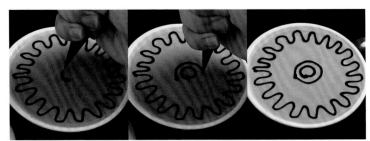

步骤 4

步骤 5

步骤 6

步骤 7

4. 巧克力酱在咖啡杯中央挤 2 个圆圈。

5. 用雕花针对准 S 形的圆圈画圈。

6. 用雕花针对准杯中的两个内圈，由外向内画四条基准线，线的长度略超过圆圈。

7. 在 4 条基准线之间用雕花针由内向外画线，长度与步骤 6 相同。

心连心

Xinlianxin

步骤 1

步骤 2

步骤 3

材料→

意式浓缩咖啡 30mL，奶泡适量，大匙，雕花针。

绘制方法→

1. 装有意式浓缩咖啡的咖啡杯置于桌面，往杯内注入奶泡进行混合直至填满杯子。

2. 用雕花针将液面搅拌均匀。

3. 大匙从拉花缸中盛出奶泡，雕花针从大匙中提取奶泡，然后对准咖啡杯中央滴入奶泡。

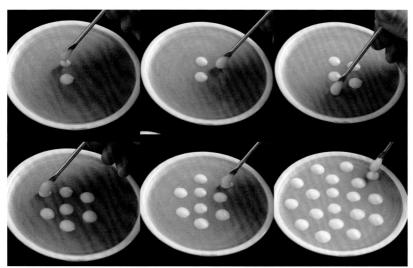

步骤 4

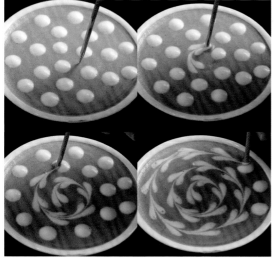

步骤 5

4. 扁平针继续从大匙中提取奶泡，围绕中心点滴入奶泡。

5. 雕花针对准如图所示位置按顺时针方向将奶泡连接起来，完美图案完成了。

星光灿烂

Xingguang Canlan

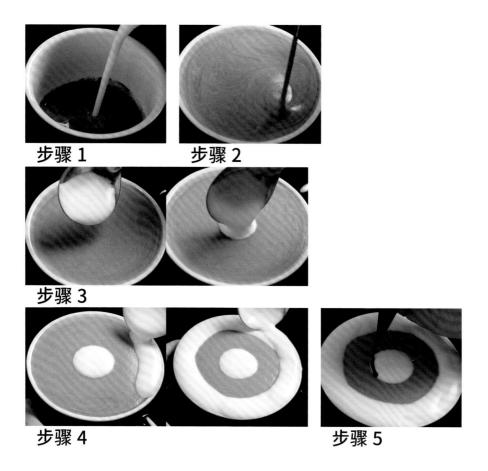

步骤 1 　　步骤 2

步骤 3

步骤 4 　　步骤 5

材料 →

意式浓缩咖啡 30mL，巧克力酱适量，奶泡适量，大匙，雕花针。

绘制方法 →

1. 装有意式浓缩咖啡的咖啡杯置于桌面，往杯内注入奶泡进行混合直至填满杯子。

2. 用雕花针将液面搅拌均匀。

3. 大匙盛入奶泡，平缓地倒入咖啡液面，形成一个实心圆。

4. 大匙再次盛入奶泡，沿着咖啡杯边缘缓慢地倒入奶泡，围成一个圈。

5. 裱花袋中倒入巧克力酱，对准内圆的边缘画圈。

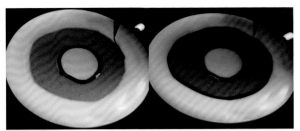

步骤 6

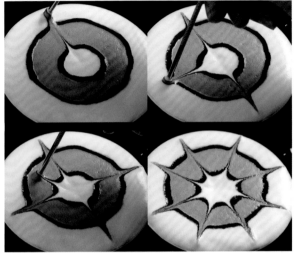

步骤 7

步骤 8

03 享用 一杯拉花咖啡

6. 裱花袋对准外圆圈内侧画圈。

7. 用雕花针从中心往外画四条基准线，然后在每两条基准线中间继续画线。

8. 用雕花针在已有的线之间由外向中心画线，完成图案造型。

144

抹茶拿铁

Mocha Natie

材料→

抹茶粉 2～3g，糖浆 15～20g，热水 15～20g，竹筅，奶泡适量。

绘制方法→

1. 咖啡杯称重去皮，在咖啡杯中加入约 2.15g 抹茶。

2. 往咖啡杯中倒入糖浆至约 20g。

3. 往咖啡杯中加入温水至 23g。

步骤 1

步骤 2

步骤 3

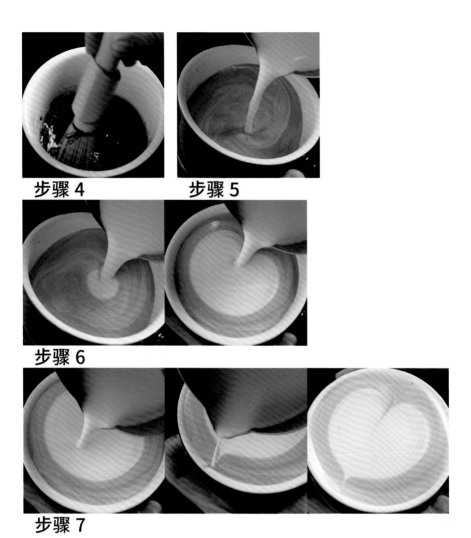

步骤 4

步骤 5

步骤 6

步骤 7

4. 用竹筅搅拌均匀。

5. 在咖啡杯倾斜状态下抬高拉花缸注入奶泡至杯子的 40%。

6. 拉花缸贴近咖啡杯保持较大奶流注入奶泡,使之往外涌。注入过程中,咖啡杯慢慢移正。

7. 奶泡占满杯子的 80% 时, 收起拉花缸保持细奶流, 沿着中间注入, 形成一条细线。抹茶拿铁完成了。

甘草

Gancao

步骤 1　　　步骤 2　　　步骤 3

步骤 4　　　　　　步骤 5

材料 →

意式浓缩咖啡 30mL，奶泡适量。

绘制方法 →

1. 装有意式浓缩咖啡的咖啡杯在倾斜状态下往杯中注入奶泡至杯子的 40%。

2. 拉花缸尽量贴近咖啡杯注入奶泡，注入时先大幅度晃动拉花缸，然后幅度慢慢变小。

3. 到达底部时抬高拉花缸，保持细奶流，在中间画一条线。

4. 对准图案底部，拉花缸保持细奶流注入，注入时左右小幅度地晃动，收尾时抬高拉花缸，保持极细奶流，在中间画一条线。

5. 美丽的甘草图案形成。

孔雀开屏

Kongque Kaiping

03 享用 一杯 拉花咖啡

材料 →

意式浓缩咖啡 30mL，奶泡适量，雕花针。

绘制方法 →

1. 装有意式浓缩咖啡的咖啡杯在倾斜状态下往杯中注入奶泡至杯子的 60%。

2. 拉花缸对准构图位置，尽量贴近咖啡杯，保持细奶流注入，并稍稍晃动拉花缸，以绘制孔雀的翅膀。注入过程中咖啡杯缓慢平移。

3. 雕花针蘸取奶泡，对准构图位置，由咖啡杯边缘由外向内画 3 条弧线。

步骤 1

步骤 2

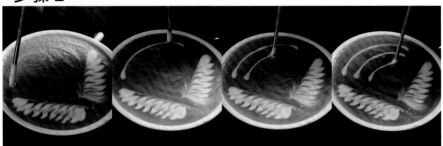

步骤 3

步骤 4

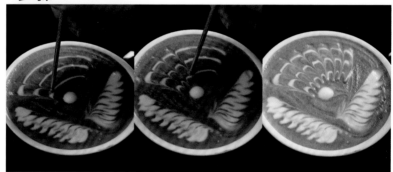

步骤 5

步骤 6

步骤 7

4. 雕花针提取奶泡，滴在弧形半径中心。

5. 雕花针对准外弧形，往靠近中心点的奶泡画线，线之间的距离约 1cm。

6. 雕花针蘸取奶泡，对准翅膀之间根部，画一条连接中心奶泡点的似问号的弯曲线。

7. 完成图案造型设计。

展翅飞翔

Zhanchi Feixiang

步骤 1

步骤 2 步骤 3

步骤 4

材料 →

意式浓缩咖啡 30mL，奶泡适量。

绘制方法 →

1. 装有意式浓缩咖啡的咖啡杯在倾斜状态下往杯中注入奶泡至杯子的 40%。

2. 拉花缸嘴对准构图位置，尽量贴近咖啡杯，保持细奶流注入，并稍稍晃动拉花缸，绘制一条弯曲的线条。

3. 奶流至底部时抬起拉花缸，保持较细奶流，在弯曲线条中心画一条直线。随着奶泡的增加，咖啡杯慢慢平移。

4. 在第一个图案两边绘图：拉花缸嘴对准构图位置，保持较细奶流注入，并左右稍稍晃动拉花缸，收尾时有一条极细的奶流流出。

步骤 5

步骤 6

步骤 7

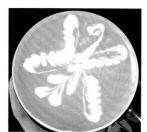

步骤 8

5. 拉花缸嘴对准构图位置，保持较细奶流注入，并左右稍稍晃动，连续绘制图案。

6. 拉花缸嘴对准构图位置，贴近咖啡杯，保持较细奶流，并左右稍稍晃动绘图，收尾时奶流极细。

7. 待奶流到达中心位置时使奶流大一些，绘制天鹅的脖子和头部。

8. 展翅飞翔圆满完成。

155

五行麦穗

Wuhang Maisui

材料 →

意式浓缩咖啡 30mL，奶泡适量，雕花针。

绘制方法→

1. 装有意式浓缩咖啡的咖啡杯在倾斜状态下往杯中注入牛奶泡至杯子的 40%。

2. 拉花缸嘴对准构图位置，尽量贴近咖啡杯，保持细奶流注入，并稍稍晃动拉花缸，收尾时稍抬起拉花缸，用较细奶流在图案内侧画一条细线。

3. 用步骤 2 的方法在咖啡杯的另一侧绘制相同的对称的图案。

步骤 1

步骤 2

步骤 3

步骤 4

步骤 5

步骤 6

步骤 7

4. 拉花缸嘴对准构图位置，尽量贴近咖啡杯，保持稍大奶流注入，并稍稍晃动拉花缸，收尾时稍抬高拉花缸，保持细奶流从图案中间画一条线。

5. 采用步骤4的方法绘制另外两条相同形状的麦穗，但中间那条稍长一点儿。

6. 雕花针蘸取奶泡，对准中间的麦穗先画左边的弯曲状弧形，再画右边的，使之对称。

7. 雕花针蘸取奶泡，对准弧形与中间麦穗交叉点，滴入奶泡，完成图案设计。

太阳花

Taiyanghua

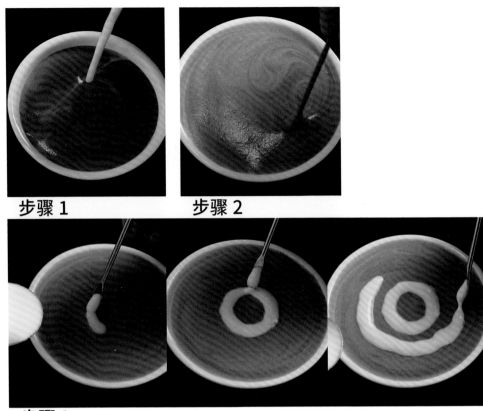

步骤 1　　　　　步骤 2

步骤 3

材料→

意式浓缩咖啡 30mL，奶泡适量，大匙，雕花针。

绘制方法→

1. 装有意式浓缩咖啡的咖啡杯置于桌面，往杯内注入奶泡进行混合直至填满杯子。

2. 用雕花针将液面搅拌均匀。

3. 大匙盛入奶泡，扁平针提取奶泡在液面中央画一个圆圈，然后在外面再画一个圆圈。

步骤 4

步骤 5

步骤 6

4. 用雕花针由内向外勾出四条基准线，每勾一笔要用棉布或餐巾纸擦净雕
   花针，然后继续勾画。

5. 雕花针在基准线之间由内向外均匀地勾线。

6. 雕花针在已有的线之间由外向内均匀地勾线，美丽的太阳花完成了。

一心一意

Yixin Yiyi

绘制方法→

1. 装有意式浓缩咖啡的咖啡杯在倾斜状态下往杯中注入奶泡至杯子的 40%。

2. 咖啡杯逐渐平放，拉花缸嘴对准构图位置，尽量贴近咖啡杯，注入较大奶流，使奶泡往外涌动，注入时稍稍晃动拉花缸，让奶泡呈现波纹状。

3. 拉花缸靠近杯缘时慢慢抬高，保持细奶流，对准图案中间画一条细线，一朵美丽的心绘制成功。

步骤 1

材料→

意式浓缩咖啡 30mL，奶泡适量。

步骤 2   **步骤 3**

大白

Dabai

步骤 1   步骤 2   步骤 3

步骤 4   步骤 5

材料 →

意式浓缩咖啡 30mL，巧克力酱适量，奶泡适量，大匙，雕花针。

绘制方法 →

1. 装有意式浓缩咖啡的咖啡杯置于桌面，往杯内注入奶泡进行混合直至填满杯子。

2. 用雕花针将液面搅拌均匀。

3. 大匙盛入奶泡，平缓地倒入咖啡液面，形成一个小椭圆。

4. 大匙再次盛入奶泡，由下往上缓慢地倒入，形成大白的身子。

5. 扁平针从大匙中提取奶泡，描绘大白的手。

步骤 6

步骤 7

步骤 8　　　　　　　　　**步骤 9**

6. 扁平针从大匙中提取奶泡,描绘大白的脚。

7. 裱花袋中倒入巧克力酱,对大白外缘进行画线。

8. 裱花袋对准头部绘制眼睛。

9. 裱花袋在大白左胸绘制一颗桃心,完成图案设计。

165

四叶草

Siyecao

材料 →

意式浓缩咖啡 30mL，巧克力酱适量，抹茶粉适量，奶泡适量，模具，大匙，雕花针。

绘制方法 →

1. 装有意式浓缩咖啡的咖啡杯置于桌面，往杯内注入奶泡进行混合直至填满杯子的 80%。

2. 大匙从拉花缸内盛入奶泡，平缓地倒入咖啡液面，至铺满整个液面为止。

3. 取模具放在咖啡杯上方，撒抹茶粉，四叶草呈现在眼前。

4. 裱花袋内倒入巧克力酱，对准构图位置画 6 个圆圈。

5. 雕花针从第 1 个圆圈画线至第 3 个与第 4 个之间，然后从第 6 个画线至第 3 个与第 4 个之间，形成 2 条相对的心状图案。

6. 四叶草图案圆满完成。

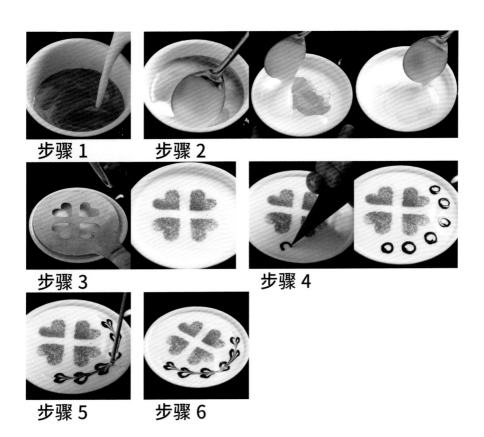

步骤 1　步骤 2

步骤 3　步骤 4

步骤 5　步骤 6

浪漫之花

Langmanzhihua

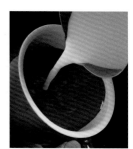

步骤 1

步骤 2

步骤 3

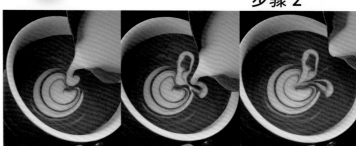

步骤 4

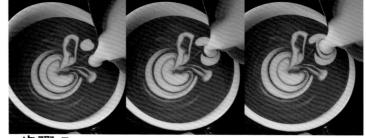

步骤 5

步骤 6

步骤 7

材料→

意式浓缩咖啡 30mL，奶泡适量，雕花针。

绘制方法→

1. 装有意式浓缩咖啡的咖啡杯在倾斜状态下往杯中注入奶泡进行混合直至杯子的 40%。

2. 拉花缸嘴对准中央位置，尽量贴近咖啡杯，保持较大奶流注入，使奶流往外涌，形成月牙状。随着液面的上升，咖啡杯要慢慢平移。

3. 按照步骤 2 的方法注入奶泡，形成两个紧贴着的月牙状图案。

4. 拉花缸嘴贴近液面，保持细奶流注入，绘制盛开的枝叶。

5. 拉花缸嘴贴近液面，保持稍大一点儿奶流，先注入两个点，然后在其中注入奶泡，使之往周围涌动，形成波纹，似一朵花。

6. 拉花缸嘴对准构图位置，左右晃动，绘制两条似麦穗状的图案。

7. 雕花针对准需要修饰的位置，对图案进行补修，使之更加美丽动人。

足迹
Zuji

材料 →

意式浓缩咖啡 30mL，可可粉适量，奶泡适量，模具，大匙。

绘制方法 →

1. 装有意式浓缩咖啡的咖啡杯置于桌面，往杯内注入奶泡进行混合直至填满杯子的 80%。

2. 大匙从拉花缸内盛入奶泡，平缓地倒入咖啡液面，至铺满整个液面为止。

3. 取脚印模具放在咖啡杯上方，撒可可粉，形成一个脚印图案。

4. 将模具移到另一侧，撒可可粉，形成另一个脚印图案即可。

步骤 1　　步骤 2

步骤 3

步骤 4

红丝绒拿铁

Hongsirongnatie

步骤 1

步骤 2

步骤 3

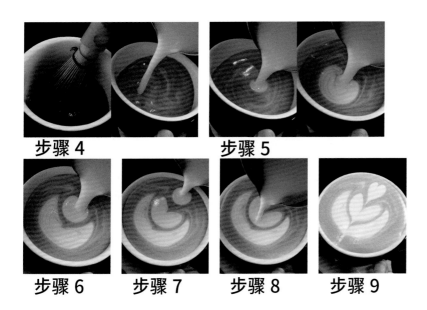

步骤 4　　　　　步骤 5

步骤 6　　　步骤 7　　　步骤 8　　　步骤 9

材料→

红丝绒粉 5～6g，糖浆 10～15g，热水 15～20g，竹筅，奶泡适量。

绘制方法→

1. 咖啡杯中倒入约 5g 红丝绒粉。

2. 倒入糖浆，使总质量为 15g。

3. 加入热水 20g。

4. 用竹筅搅拌刷搅拌均匀，然后手持咖啡杯于倾斜状态，抬高拉花缸，保持细奶流，注入牛奶泡至杯子的 50%。

5. 拉花缸贴近液面，缸嘴对准构图位置，保持较大奶流注入，使奶流往外涌并形成波纹状，图案基本形成时快速收起拉花缸。

6. 按照步骤 5 的方法绘制一个相同的，但更小的图案。

7. 拉花缸嘴靠近咖啡杯边缘，保持较大奶流注入，形成一个类似步骤 5 的图案，但更小。

8. 待步骤 7 的图案形成时快速抬高拉花缸，保持细奶流，沿图案中间绘制一条细线。

9. 完成图案设计。

卡布奇诺

Kabuqinuo

材料 →

意式浓缩咖啡 30mL，可可粉适量，奶泡适量，模具，大匙。

绘制方法 →

1. 装有意式浓缩咖啡的咖啡杯置于桌面，往杯内注入奶泡进行混合直至填满杯子的 90%。

2. 大匙盛入奶泡，缓缓地倒入咖啡液面，形成一个较大的实心圆。

3. 取模具放在咖啡杯上方，撒可可粉，卡布奇诺图案完成。

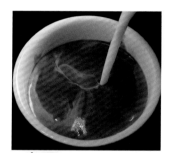

步骤 1

步骤 2

步骤 3

图书在版编目(CIP)数据

不一样的咖啡拉花 / 刘清编著. -- 北京：中国纺织出版社，2020.8

（咖啡师的必修课）

ISBN 978-7-5180-5955-3

Ⅰ．①不… Ⅱ．①刘… Ⅲ．①咖啡—配制 Ⅳ．①TS273

中国版本图书馆CIP数据核字(2019)第029159号

责任编辑：韩　婧　　　特约编辑：黄洁云　　　　　责任校对：王蕙莹

责任印制：王艳丽　　　装帧设计：徐逸儒　　宋　丽

中国纺织出版社出版发行

地址：北京市朝阳区百子湾东里A407号楼　　邮政编码：100124

销售电话：010—67004422　　　　　　传真：010—87155801

http://www.c-textilep.com

中国纺织出版社天猫旗舰店

官方微博http://weibo.com/2119887771

北京华联印刷有限公司印刷　　　各地新华书店经销

2020年8月第1版第1次印刷

开本：710×1000　1 / 16　　印张：11

字数：88千字　　　　　　　　定价：58.00元
